KB004349

에듀래크 시대

초등
공부그릇
만들기

이제 공부는 역량과 공부그릇을 만드는 것이다

에듀테크 시대 초등 공부그릇 만들기

조미상 지음

더메이커

그들은 왜 역량성적표로
바꾸었을까

2016년 세계경제포럼의 의장 클라우드 슈밥은 전 세계에 4차 산업혁명을 선언했다. 당시 4차 산업혁명은 우리에게 생소했고 두려움의 대상이었고, 우리는 그만큼 무지했다. 어느덧 6년의 세월이 지난 지금 세상은 모든 분야에서 디지털 전환에 속도를 내며 우리에게 새로운 세상을 보여주고 있다. 우리는 인공지능, 사물인터넷, 3D프린터, 메타버스 등등의 용어가 자연스러울 정도로 다양한 곳에서 편리함과 기회로 만나고 있다.

왜 역량 중심 성적표를 도입했을까

4차 산업혁명 선언 이후 2017년 미국 교육계는 매우 획기적인 변화를 추구했다. 과목과 성적, 석차가 표기된 기존의 성적표를 폐지하고 역량 중심의 성적표를 도입한 것이다. 전미사립학교협회에서 시작한 이 교육개혁은 단 6개월 만에 130여 개의 미국 명문 사립고등학교가 동참했다. 이 교육개혁에는 미국 이외에도 여러 나라의 국제학교가 참여했으며, 우리나라에서도 인천 송도의 채드윅국제학교가 참여했다. <역량 중심 성적표>에 실리는 8대 역량은 다음과 같다.

① 분석적이고 창의적인 사고 ② 복합적 의사소통 ③ 리더십과 팀워크 ④ 디지털 리터러시 ⑤ 세계적 시각 ⑥ 적응력/진취성/모험정신 ⑦ 진실성과 윤리적 의사결정 ⑧ 마음의 습관/사고방식

이 8대 역량이 우리 식으로 치면 국·영·수·사·과라는 주요 과목을 밀어내고 그 자리를 차지한 것이다. 4차 산업혁명의 진행과 함께 가고 있는 미국 교육계의 개혁 바람이 시사하는 바는 무엇일까? 그들은 왜 역량 중심의 성적표를 선택하게 되었을까?

이유는 단순하고 명쾌하다. 세상이 필요로 하는 인재상이 바뀌었기 때문이다. 더 이상 기존의 교육 시스템이 디지털 세상이 요

구하는 인재를 키우는 데 적합하지 않기 때문이다. 인공지능 등의 디지털 기술이 인간의 일을 빠르게 대체해 가고 있으며, 또 세상이 변함에 따라 우리가 해결해야 할 문제 역시 달라지고 있다. 그에 따라 우리 인재들이 갖추어야 할 역량이 달라지는 것은 당연하다 할 것이다.

우리나라 교육 트렌드 5가지

우리나라 교육부는 수시 개정 체제하에서 개정교육을 마련해 오고 있는데, 2022 개정교육에서는 그동안 피상적으로만 언급되어 왔던 것들을 적극 반영하여 정책화했다. 이 개정교육의 핵심에는 디지털 혁명이 자리 잡고 있음은 물론이다. 따라서 급진전하고 있는 디지털 세상과 교육의 관계를 살피고 그 의미를 정확하게 이해하는 것이 필요하다. 이 부분을 생각하지 않고 부모 세대의 관습대로 자녀 교육의 전략을 펼친다면 그 피해는 고스란히 우리 자녀가 가져가게 될 것이다.

이 책에서 나는 세상의 변화와 함께 이루어지고 있는 우리나라 교육 트렌드를 분석하고, 그 본질을 짚어보고자 했다. 역량 중심, 에듀테크, 교수 방법, 평가 방법, 격차 등의 5가지를 우리 교육의 변화를 이끄는 트렌드로 꼽고, 그 트렌드의 의미가 무엇인지를 분석했다.

이 5가지 트렌트를 통해서 왜 역량을 키우는 것이 진정한 공부인지, 에듀테크 시대를 맞이하여 교수 방법과 평가 방법이 어떻게 바뀌고 있는지, 이런 변화의 시기에 더욱 심해지고 있는 공부 격차의 원인은 무엇이고 그 해결책은 무엇인지 등을 살펴보았다.

이 5가지 교육 키워드를 통해 자녀 교육의 방향을 정확히 이해하고 어떤 훈련이 진정한 공부인지를 명확하게 구분할 수 있어야 할 것이다.

역량을 담는 공부그릇 6가지

교육의 트렌드를 읽었다면 이 시대를 이끌 역량이 무엇인지 구분해 보아야 한다. 여전히 국·영·수·사·과를 공부의 모든 것으로 생각하는 부모들이 많지만, 우리 교육계 역시 역량 교육으로 전환하고 있음을 인식해야 한다. 그래서 아이들이 반드시 갖춰야 할 공부 역량을 교육부에서 제시한 6가지 역량(문해력, 자기주도학습력, 창의융합사고력, 예술적 감성, 표출 능력, 협업 능력)을 바탕으로 정리해 보았다.

역량과 공부그릇을 키우는 것은 에듀테크 시대 공부의 핵심이다. 그렇다면 어떻게 역량과 공부그릇을 키울 것인가? 나는 이 책에서 역량과 공부그릇을 키우는 최적의 도구로 독서를 제시하고, 왜 독서가 공부그릇을 키우는 최적의 도구인지, 그리고 문해력, 창의 사고력 등의 공부그릇을 키우는 독서법은 어떤 것이 있는지를 살펴보았다.

디지털 혁명 시대 교육의 핵심은 집어넣는 공부가 아니라 끄집어내는 공부, 표출하는 공부이다. 독서 등으로 역량과 공부그릇을 키웠다면 질문과 토론을 통해서 역량과 공부그릇을 확장해야 한다. 특히 일상생활에서 그리고 가정에서 어떻게 질문과 토론을 끌어내고 연습해야 하는지를 다양한 사례와 함께 다루었다.

이 모든 것이 우리 아이들에게 미치는 영향이 크고 중요하다 해도 부모의 공부에 대한 생각을 바꾸지 않는다면 무용지물임을 알아야 한다. 세상이 요구하는 인재상이 바뀌고 있는데 여전히 지난 시대의 인재상을 간직하고 추구하고 있다면 어쩔 것인가.

지금은 그 어느 때보다 교육에서 부모의 철학이 필요한 때이다. 유연하고 열린 사고로 사회의 변화를 읽고 진짜 공부와 가짜 공부를 구분하여 자녀 교육의 전략을 의미 있게 펼쳐야 한다. 이것이 바로 부모 그릇 아닌가.

사람은 모두 자기 그릇대로 살아간다고 한다. 그렇다면 이제 우리 아이들에게 어떤 그릇을 제시하고 만들어가게 할 것인가. 이 책이 그 힌트를 제공하기를 바란다.

3부
공부그릇 만드는
최적의 도구는 독서다

4부
질문과 토론은
공부그릇을 확장시킨다

5부
공부그릇은 결국
세상을 다루는 힘이다

에듀테크 시대 초등 공부그릇 만들기

1부

에듀테크 시대 :
학교는 무엇이 바뀌었나?

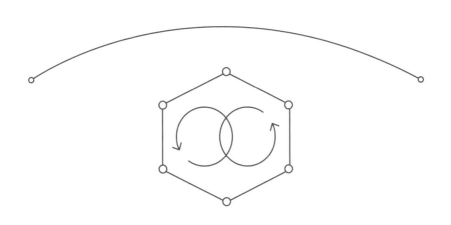

왜 학교가 '공부는 역량을 키우는 것'이라고 강조하는가? 그것은

인공지능 시대에 사람의 역할이 달라지고 있고, 이에 따라 해야

할 공부가 달라지고 있기 때문이다.

역량 중심: 에듀테크 시대의 공부는 역량을 키우는 것이다

에듀테크(edutech)라는 신조어가 등장했다. 에듀케이션(education) 과 테크놀로지(technology)가 결합된 단어로, 교육은 더 이상 테크놀로지를 빼놓고 말할 수 없음을 뜻한다. 이제는 교육에서도 테크놀로지를 적극적으로 사용해야 하며, 교사도 학생도 이런 에듀테크 환경에 적극적으로 대응해야 한다.

에듀테크 시대, 공부가 달라지고 있다

4차 산업혁명, 디지털 혁명은 에듀테크 시대를 불러왔다. 에듀테크 시대의 교육은 지식을 소유하는 것이 아닌, 지식을 활용하여 어떤 일을 해낼 수 있는 능력, 즉 역량을 키우는 것이라고 한다. 왜일까? 기술의 발달로 사회와 공부 환경이 빠르게 변화하고 있기 때문이다.

첫째, 점차 생활 안으로 속속 들어오고 있는 인공지능을 보자. 인공지능의 놀라운 능력은 빅데이터와 머신러닝(기계학습)의 결합이 있었기에 가능했다. 빅데이터란 대량의 정형 또는 비정형의 데이터까지 포함한 데이터로부터 가치를 뽑아내고 결과를 분석하는 기술'이다. 빅데이터는 인공지능이 기계학습을 할 수 있도록 원천 데이터를 제공한다. 이를 기반으로 전문분야에서뿐만 아니라 생활 곳곳에서 활약하고 있는 인공지능은 망각도 없고 한계도 없이 용량을 업데이트하고 있다.

둘째, 4차 산업혁명의 기술이 교육 분야에도 깊숙이 들어와 있다. 전자 칠판, 전자 교과서, 가상현실, 증강현실, 3D 프린터 등의 신기술을 이용한 에듀테크가 이미 수업에 활용되고 있다.

이것은 인공지능이 빅데이터와 머신러닝 기술로 끊임없이 학습하는 이상, 그리고 우리가 24시간 손 안의 컴퓨터와 결합해 있는 이상, 단순 지식을 소유하려고 암기에 열을 올리는 공부는 더는 가치가 없다는 뜻이다.

정답을 달달 외우는 공부는 이제 그만둬야 한다. 그리고 단순 이론을 결과 위주로 외워 객관식이나 주관식 시험에서 높은 점수를 얻는 방식의 공부 역시 그만둬야 한다.

아이들은 가상현실, 증강현실의 도구를 이용하여 역사의 현장을 실제처럼 경험할 것이고, 그곳에서 아바타를 이용하여 토론과 토의를 즐길 것이다. 그리고 자신이 상상해낸 아이디어를 3D 프린터로 출력하여 현실화할 것이다.

왜 학교가 '공부는 역량을 키우는 것'이라고 강조하는가? 그것은 인공지능 시대에 사람의 역할이 달라지고 있고, 이에 따라 해야 할 공부가 달라지고 있기 때문이다.

공부란 역량을 키우는 것이다

네덜란드에는 '스티브잡스 스쿨'이 있다. 우리나라의 초등학교에 해당하는 이 학교는 담임교사도 없고 학년도 구분하지 않는다. 태블릿PC 속에 들어가 있는 교과서를 사용하며, '단순 지식 습득이 아닌 다르게 생각하는 법을 배우는 것을 목표'로 한다.

필요한 단순한 지식이나 정보는 로봇 교사로부터 배우고, 인간 교사는 헬퍼(helper), 즉 보조 역할을 한다. 이 학교에서는 아이들 각자가 프로젝트를 진행하여 실질적인 결과물을 만들도록 교육한다.

스티브잡스 스쿨은 우리에게 생소한 교육 현장이지만, 머지않아 우리의 교육 현장도 이렇게 바뀔 것이다. 단순 지식은 컴퓨터나 로봇 교사에게 습득하고, 더 깊은 공부는 교사나 친구들과 함께 토론 학습으로 하게 될 것이다. 그리고 지필 시험이 아니라, 지식을 응용해 아이디어를 얼마나 구체적으로 실현하느냐로 평가받게 될 것이다.

그렇다면 아이들은 이런 수업과 평가를 통해 어떤 역량을 훈련받고 있는 걸까?

현재 미국 명문 100대 사립고등학교에서 실시하고 있는 '역량 성적표'에 등장한 항목들을 보면 무엇이 역량인지 구체적으로 보인다.

* 분석적/비판적 사고
* 복합적 의사소통
* 리더십과 팀워크
* 디지털 리터러시
* 세계적 시각
* 마음의 습관
* 진실성과 윤리적 의사결정
* 적응력/진취성/모험정신 등

이들은 모두 단순 지식을 쌓는 것과는 거리가 있는 것들이다. '어떤 일을 해낼 수 있는 힘', 즉 역량과 관계된 항목들이다.

교육부에서 제시하는 6가지 역량

우리나라의 역량 교육은 7차 개정교육 정책에서 본격화되었다. 2009 개정교육에서 교육부는 창의융합형 인재 양성에 필요한 4가지 역량을 발표했다.

* 협업 : 혼자가 아닌 함께 문제를 해결할 수 있는가
* 의사소통 : 상대의 이야기를 귀 기울여 듣고, 나의 의견을 말할 수 있는가
* 비판적 사고력 : 상대와 소통할 때, 무조건 수용하는 것이 아니라 타당성을 구분하는가
* 창의성 : 이 과정에서 독창적인 문제해결력을 발휘할 수 있는가

이어 2015, 2022 개정교육에서는 6가지 역량으로 다시 세분화하였다.

* 지식정보처리 역량 : 다양한 매체의 지식과 정보를 가져다 사용할 수 있는가
* 자기관리 역량 : 자발적이고 능동적인 배움과 활동을 지향하는가

* 창의적 사고 역량 : 기존의 지식과 정보를 나만의 방식으로 재창조할 수 있는가

* 심미적 감성 역량 : 자신의 아이디어에 예술성과 감성을 부여할 수 있는가

* 공동체 역량 : 문제해결을 위해 협업하고, 자신의 아이디어를 공동체와 공유할 수 있는가

* 의사소통 역량 : 타인의 이야기를 듣고 공감하고, 원활하게 소통할 수 있는가

이제 학교에서 국·영·수·사·과를 공부하는 이유는 분명하다. 지식 자체에 의미를 두는 것이 아니라, 국·영·수·사·과 등의 공부를 통해 다른 공부(역량)를 지향하는 것이다. 이것이 바로 교육부가 제시한 6대 역량이다. 미래 사회를 살아갈 아이들에게 필요한 진짜 공부가 무엇인지를 밝힌 것이다.

에듀테크 시대 :
공부의 도구가 바뀌고 있다

우리는 자녀 교육을 얘기하기 전에, 아이들이 어떤 세상에 태어났고, 어떤 미래를 살아가야 하는지를 살펴보고 이해할 필요가 있다.

엄마 뱃속에서부터 디지털 환경에서 성장한 아이들을 '디지털 네이티브'라고 부르는데, 이들은 아날로그 세상보다는 디지털 세상이 더 편하고 익숙한 세대임을 알아야 한다. 생각하고 소통하는 방식이 부모 세대와는 확연히 다르며, 디지털 도구의 활용 능력 또한 완전히 다르다.

이런 디지털 네이티브에게 여전히 아날로그 방식의 공부를 강요한다면 그들은 더 이상 학교를 선택하지 않을 수도 있다. 디지털 시대에 학교는 점차 의무가 아닌 선택의 문제가 되어가고 있다. 자신이 원하기만 하면 오프라인의 학교가 아니라도 온라인에서 얼마든지 필요한 공부를 할 수 있는 세상이다. 누군가 정해놓은 정규 교육 과정이 더는 필수가 아니라는 말이다.

디지털 교과서의 일반화

아이들에게 공부의 기본 도구는 교과서다. 부모들은 교과서 하면 당연하게 종이책의 표준화된 내용을 떠올리겠으나, 교육에서도 디지털 전환이 이루어지고 있는 지금은 종이책이냐, 디지털책이냐를 구분하고 있다.

우리나라도 이제 본격적인 에듀테크 시대가 열렸음을 실감할 수 있는 부분이다. 교실의 기본 도구인 교과서의 디지털화는 디지털 세상을 살아가는 기준과 도구가 확실히 바뀌었음을 단적으로 보여준다.

디지털 교과서는 기존의 종이책 교과서로는 제공할 수 없는 학습자료의 시청각화, 검색과 채팅 기능, 실시간 학습지원과 관리, 실감형 콘텐츠 등등을 제공하는 디지털 학습 도구이다.

우리나라에서는 일부 과목에서 종이책 교과서를 보완하기 위하여 디지털 교과서를 만들어 보급하고 있다. 그러나 디지털 전환이 단순히 종이책 교과서를 디지털화하여 보완하는 것을 말하는 것이 아니다. 교과서의 디지털화란 전 세계의 다양한 디지털 플랫폼을 활용하는 확장된 공부, 끊임없이 진화되고 있는 테크놀로지를 이용한 체험형 공부 등을 포함한다. 이것이 에듀테크 시대에 디지털 문해력과 디지털 활용 능력을 강조하는 이유이다.

디지털 시대의 아이들은 평면적이고 이론 위주의 공부에서 벗어나 메타버스 등의 진화된 디지털 환경을 이용한 입체적인 지식을 경험하고 재창조하는 창의적인 공부로 나아가야 한다. 종이책 교과서가 지식의 소비자를 길러내는 교육의 기본 도구였다면, 디지털 교과서는 지식의 생산자이자 창조자를 길러내는 교육의 기본 도구이다.

디지털 시대에 태어난 아이들은 인쇄 매체를 통해 일방적으로 받아들이는 것보다 다양한 미디어를 이용한 상호소통을 즐기며, 콘텐츠를 스스로 생산하는 것에 익숙하다. 공부 과정에서도 직접 경험해보기를 원하며, 즉각적인 피드백을 주고받고 함께 공유하길 원한다.

교육부는 사회의 진화에 따른 교실의 디지털화에 대한 당위성을 진작부터 인지했다. 이에 따라 디지털 교과서를 사용하는 시범 학교를 운영하고, 스마트 패드의 일대일 보급을 계획하는 등 다양한 시도를 하고 있다. 그러나 안타깝게도 예산 등의 문제로 스마트기기의 일대일 보급이 지연되고 있고, 콘텐츠의 다양화 역시 지지부진한 상황이다. (최근에 각 교육청에서 일대일 태블릿PC 보급을 서두르고 있어 교육에서의 디지털 전환이 속도를 낼 전망이다.)

물론 세상은 우리의 이런 현실을 마냥 기다려 주지 않는다. 모든 산업 분야에서 디지털화가 급속도로 진행되고 있고, 세계 주요 나라의 교육도 빠르게 디지털화되고 있다. 그러나 우리 학교는 여전히 아날로그 위주이고, 디지털화 지연으로 인한 피해는 우리 아이들의 몫일 것이다.

미래 인재를 키워내야 할 학교는 더 이상 물러설 곳이 없다. 가만히 있으면 퇴보다. 세상은 끊임없이 어제와 다른 오늘을 만들어 가고 있다. 첨단의 과학기술을 이용하며 살아가는 세상에서, 과학과 디지털 기술을 배제하며 교육받은 아이들이 미래에 갈 곳이 있겠는가?

지금이라도 적극적인 교육정책을 펼쳐 양질의 디지털 교육환경을 제공해야 한다. 디지털 네이티브의 특성에 맞는 적합한 도구가 갖춰져야, 적극적이고 의미 있는 공부가 시작될 테니까 말이다.

지식 소유가 중요하지 않은 시대

우리는 교실의 디지털화에 대하여 한 발 나아간 사고가 필요하다. 비록 시작에 불과하고 진행이 답답하지만, 디지털 전환의 의미를 제대로 이해해야 우리 아이들을 미래 인재로 키워낼 수 있기 때문이다.

우리는 알다시피 언젠가부터 지식과 정보를 애써 기억할 필요가 없는 세상에서 살고 있다. 손안에 스마트폰이 나 대신 24시간 일을 하기 때문이다. 내 기억은 사라지거나 자주 왜곡되지만, 인터넷 검색 플랫폼들은 실시간 업데이트하며 쉴 새 없이 최신 정보와 지식을 쏟아낸다. 이런 상황에서 지식을 기억하고 소유하는 공부는 어떤 의미가 있을까? 교과서 안에 가둬진 정해진 지식이 어떤 의미가 있을까?

"팩트가 넘쳐나는 시대에 팩트를 안다는 것 자체는 중요하지 않다. 그러한 팩트를 스토리나 문맥으로 엮어내지 못하면 그 팩트는 증발된다."

진화하고 있는 공부를 정확하게 설명하고 있는 미래학자 다니엘 핑크의 말이다. 지식과 정보를 소유하는 것이 중요했던 시절에는 지식을 소유하기 위해 노력했고, 그것이 공부의 전부였다. 그러나 세상이 바뀌고 있다. 하루가 다르게 진화하고 있는 도구는 지식과 정보를 실시간으로 쏟아내고 있다. 공부는 더 이상 지식 자체를 습득하는 것이 아니라, 플랫폼에서 쏟아내는 지식들을 다양한 "스토리나 문맥으로 엮어" 실제적인 아이디어로 바꿔내는 일이다.

그러므로 학교에서 디지털 교과서의 일반화를 적극적으로 추진하는 것에서 다음 세 가지 분명한 사실을 발견할 수 있어야 한다.

첫째, 단순 지식과 정보 및 용어나 개념 정도는 언제든지 디지털 도구를 이용하면 된다는 것. 즉, 공부의 시작은 검색이며, 그 연습 도구가 디지털 교과서인 셈이다.

둘째, 이때 공부는 팩트의 소유가 아니라 팩트를 삶에 적용하고 응용하는 것이라는 것. 그래서 함께 소통하고 직접 만져보며 해보는 것이 중요하다.

셋째, 디지털 플랫폼으로부터 지식정보를 취하는 시대에 디지털 문해력은 필수 역량이라는 점이다.

다음에 제시된 문제를 해결하기 위해서 필요한 것이 무엇일까?

> 낙타가 사는 환경 때문에 생긴 낙타의 신체적 특징을 바탕으로 인간에게 유용한 기구를 하나 발명해 보자. 그 구상도를 그리고 특징을 간략히 설명하라. (2012 한국과학창의력대회)

이런 문제를 해결하기 위해 필요한 지식이나 정보는 디지털 교과서나 인터넷 등에서 검색을 허용해도 무방하다. 그동안 공부는 지식을 수용하고 암기하는 것, 즉 낙타의 신체적 특징을 암기하는 것을 당연하게 여겼다. 그러나 시험시간조차 디지털 패드를 주고 지식 검색을 허용한다면, 공부나 시험의 개념은 완전히 달라지는 것이다. 이렇게 학습 도구가 진화되고 있는 학교에서 중요한 공부는 지식을 기반으로 나의 상상력과 창의성을 동원하여 문제해결력을 발휘하는 것이다.

이제는 디지털 교과서, 즉 온라인 플랫폼의 역할과 사람의 역할을 구분해야 한다. 이것을 구분하지 못하면 디지털 플랫폼의 일을 사람이 무의미하게 대신하는 꼴이 될 뿐이다. 사람의 능력을 엉뚱한 방향으로 사용하는 것이 되고 만다.

교실의 디지털화는 미래를 살아가야 하는 아이들에게 너무 당연하고 필요한 것이다. 그야말로 교육은 본격적으로 에듀테크 시대를 맞이하고 있다. 이에 맞추어 우리 아이들에게 요구되는 능력이 무엇인지 빨리 이해하고 도와주어야 한다.

계산기를 권하는
수학 공부

계산기 활용, 언제까지 찬·반 논쟁만 할 것인가

수학 교육에서 계산기 활용 문제는 어제오늘의 이슈가 아니다. 우리나라 초등 수학 교육에서 계산기의 활용을 공식적으로 언급한 것은 제6차 교육과정(1992년)이 처음이다. 그러나 지금도 여전히 수학 교육에서 계산기 활용 문제는 찬반에 대한 갑론을박으로 이러지도 저러지도 못하고 있는 상황이다.

세계에서 수학 수업이나 시험 시간에 계산기를 허용하는 사례는 흔하다. 미국의 경우 초등 저학년부터 계산기를 활용하고 있다. 네덜란드나 일본은 사칙연산의 계산원리를 학습한 후에 계산기의 적절한 활용을 권장하고 있다. 이처럼 세계 여러 나라에서 수학 교육에 계산기 활용에 대한 시각은 긍정적이며, 학년이 올라 갈수록 사용 시간을 늘리는 추세다.

그럼 우리나라는 어떤가? 우리는 제6차 교육과정에 와서야 '산수'를 '수학'으로 변경하면서, 복잡한 계산 기능 훈련에 소용되는 시간과 노력을 문제해결력을 키우는 쪽으로 돌려야 한다고 방향을 제시하였다. 교육을 선도하는 여러 나라보다 15년 이상 늦은 출발이었다.

여기에서 더 나아가 1999년 제7차 교육과정에서 교육부는 계산 능력을 공부하는 것이 목표인 영역을 제외하고, 복잡한 계산, 수학적 개념·원리·법칙의 이해, 문제해결력 향상 등의 영역에서는 계산기와 같은 도구를 적극적으로 활용하도록 정책화했다.

그러나 이 정책은 계속되는 찬반 논쟁으로 제대로 시행하지 못한 채 표류했고, 다시 2015 개정 교육에서 모든 학교에 일반화하겠다고 결정했다. 그러나 계산기 활용 문제는 2022 개정 교육에서 또다시 화두가 되고 있다.

사정이 이러하니 계산기 활용에 대한 찬반 의견을 떠나, 수학이라는 과목의 정체성에 대해 진지하게 생각해 볼 필요가 있을 것 같다. 계산기를 활용하는 문제에 찬성이냐, 반대냐를 따지기 전에 '수학, 너는 누구냐?'를 따져봐야 할 때가 된 것이다. '수학, 너를 왜 배워야 하나?'를 질문해보고 나서 우리 아이들에게 무엇이 필요한지를 따져보자는 것이다.

수학, 너를 왜 배워야 하니?

교육을 선도하는 여러 나라에서는 왜 수학 시간에, 심지어 수학 시험 시간에 계산기 사용을 적극적으로 권장하고 있을까? 이 물음은 수학 교육이란 무엇인가를 묻는 것과 같다.

수학 공부의 이유를 계산력의 기술적 측면과 정답을 찾아내는 능력을 향상시키는 것으로 여긴다면, 미국 및 네덜란드, 일본 등의 국가에서 권장하는 계산기는 아이들의 수학 공부를 망치는 도구일 뿐이다. 그러나 그들은 수학 수업에 계산기 사용을 선택하고 적극 권장했다. 그들의 선택에는 계산 외 수학의 어떤 측면이 고려되고 중요시된 것일까?

수학은 숫자와 기호, 데이터, 표, 그래프 등등을 이용하여 서로 약속한 규칙으로 소통하는 학문이다. 그리고 이것들을 가지고 문제를 푸는 연습을 하는 학문이다. 이렇게 다양한 숫자나 기호, 수식을 사용하는 것은 장황한 문자보다 더 간결하고 빠른 소통이 가능하므로 편리하다. 즉 일상에서 좀 더 쉽고 빠르고 간결하게 소통하려는 필요에 의하여 태어난 과목이 수학이다.

그리고 수학을 공부하는 것은 수식으로 이루어진 문제 풀이의 연속이다. 왜 수학이란 과목은 이처럼 계속 문제 풀이를 하도록 구성되어 있을까? 이 물음은 우리 삶과 직접 연결되는 부분이다.

삶은 문제의 연속이고, 우리는 수학 공부를 통해 생활 속에서 나타나는 문제들을 만나고 해결하는 연습을 하는 것이다. 생활하다 문제를 만나면 그 문제를 어떤 방법으로라도 해결해야 한다. 수학 문제를 만나 답을 찾으려는 적극적인 노력은 고스란히 인생과 연결된다.

이처럼 문제의 답을 찾아가는 과정에서 논리적이며 비판적이고 창의적인 사고력이 발달하고 쌓이게 된다. 이 능력을 키우려고 수학을 공부하는 것이다. 이런 수학적 사고의 힘은 우리가 인생의 곳곳에서 만나게 되는 여러 형태의 문제를 헤쳐나가는 데 도움이 될 것이다.

그러니까 수학 공부는 정답이 중요한 것이 아니다. 문제를 만나 해결하는 과정에서 하게 되는 논리적, 창의적인 사고력과 문제해결력을 경험하고 쌓는 것이 중요하다. 계산력은 이런 과정의 일부일 뿐이다. 계산이 전부 다가 아니라는 말이다. 진짜 중요한 본질을 못 보니 자꾸 곁다리만 보이는 것이다.

수학 공부에서 계산기를 권하는 이유는 어떤 문제를 만나 해결해 나가는 과정에서 계산기를 적절하게 사용하여 문제해결의 사고 흐름을 막지 말자는 뜻이다.

수학이라는 과목을 공부하는 정확한 이유를 이해한다면, 계산기 활용의 문제는 사실 명쾌한 부분이다. 게다가 디지털 세상을 살아가고 있는 우리 아이들이 도구의 진화가 가져다준 문명의 이기를 버리고 굳이 창과 작살로 물고기를 잡을 필요가 있을까.

물론 수학에는 계산을 익히는 공부가 분명 존재하고 계산력을 이용하여 풀어야 하는 문제들이 있다. 즉, 계산을 배우는 부분에서는 계산 방법을 배우고 연습해야 한다. 그러나 계산 기술자를 양성할 필요는 없다. 암산의 기술 등이 디지털 사회에서 더 이상 인간의 재능일 필요가 없기 때문이다. 이것이 세계의 여러 나라에서 사칙연산의 기초를 배운 이후에는 계산기 사용을 적극적으로 권장하는 이유다.

다음 문제를 들여다보자. 최근 개정된 수학 교육에서 계산을 배우는 단원의 문제이다. 이 문제에는 계산 문제의 목표가 어디에 있는지 확연하게 나타나 있다. 계산 문제에서조차 단순 계산을 묻지 않는다.

문제) 박물관을 견학한 학생이 오전에는 534명이고, 오후에는 327명입니다. 하루 동안 견학한 학생이 모두 몇 명인지 두 가지 방법으로 계산하시오. (5점)

(풀이과정) <4점>

방법 1. _____

방법 2. _____

(답) _____ 명 <1점>

이 문제는 초등학교 3학년, 난이도 중위에 속하는 문제다. 세 자릿수 더하기를 배우는 단원의 문제인데, 학습 목표가 계산력이 아니라 계산의 과정에 있음을 알 수 있다. 어떤 방법으로 더하기를 해야 더 효과적으로 문제를 해결할 수 있는지 알아보는 문제임과 동시에, 문제를 해결하는 방법은 하나만이 아니라는 것을 경험하게 하는 것이다.

이 문제는 백의 자리, 십의 자리, 일의 자리를 각각 더하여 합치는 방법도 있지만, 일의 자리부터 거꾸로 더해나가는 방법도 있다. 어떤 아이들은 창의적인 상상력을 동원하여 자신만의 방법으로 문제를 해결할 수도 있다. 또, 꼭 수식이 아니어도 해결 과정을 그림으로 표현해 볼 수 있을 것이다.

이 문제에서 계산 실력이 부족해서 정답을 맞히지 못해도 1점을 놓칠 뿐이다. 또 계산기 활용을 허용한다고 해도 이 문제를 통하여 기르고자 하는 학습 목표에는 아무런 지장이 없다.

이제는 계산기 사용에 대한 찬성과 반대를 떠나서, 수학 공부에서 무엇이 진짜 중요한지를 빨리 발견해야 한다.

교수 방법 :
집어넣는 공부 대신 끄집어내는 공부

우리는 이제 공부의 정의를 다시 내려야 할 때가 됐다. 에듀테크 시대의 공부란 무엇인지부터 정리해야, 교육의 흐름을 바로 이해하고 대응할 수 있다.

* 디지털 혁명의 시대에 공부란 무엇인가?

* 공부의 목적은 무엇일까?

* 자녀 공부 어디에 초점을 맞춰야 할까?

가르침이 아니라 자발적인 배움

공부는 사회에서 사용할 자신만의 경쟁력을 키우는 것이다. 사람은 사회에서 자신의 가치를 드러내며 살아갈 때 성취감과 행복감을 느낀다. 따라서 공부가 사회의 요구에 부합할 때 의미가 생긴다. 사회의 요구와 무관한 공부는 아무리 열심히 해도 사용할 곳이 없어 무용지물이 되고 만다. 그러므로 지금 자녀의 교육을 가이드하고 있는 부모는 교육의 방향을 제대로 잡고 있는지 수시로 점검하는 것이 필요하다.

예전의 교실에서는 교사와 학생의 구분이 명확했다. 교실의 주인공은 학생이 아니라 교실 전체를 이끄는 교사였다고 말하는 것이 맞을 것이다. 다수의 학생은 단지 극장의 관객과 비슷했다. 참여하는 공부가 아닌 구경하는 공부였다고 할까?

그러나 디지털 시대는 교사의 가르침에 대한 수동적인 공부를 학생의 자발적인 배움으로 바꿔놓고 있다. 이제 공부는 학생 스스로가 자신에게 필요한 지식과 정보를 맞춤형으로 찾아내는 행위가 되고 있다.

수시로 업데이트되는 지식과 정보는 누구에게나 열려있다. 인터넷만 연결되어있으면 세계 석학의 강좌까지 공짜로 들을 수 있는 세상이다. 각 개인의 개성은 무시된 채 똑같은 지식을 훈련받아 사회로 나가, 동일한 일을 동일한 방법으로 하는 세상은 이미 지나갔다.

이제 공부는 자신만의 개성과 기질을 살릴 수 있는 것이 무엇인지 찾아내는 훈련이고, 이때 필요한 지식과 정보를 스스로 알아내는 것이며, 그것을 탐색하고 자기화하는 것이다.

따라서 교실은 학생들이 직접 참여해서 배우도록 하는 수업 방식으로 바뀌고 있으며, 그 과정에서 지식을 배우고 다루는 방법을 아이들 스스로 터득할 기회를 제공하고 있다.

끄집어내는 공부가 진짜다

이제 학생들은 구경꾼에서 주인공의 자리로 옮겨가고 있다. 교실의 주인공이 교사가 아니라 학생임을 이해하기 시작한 것이다. 이 시대의 아이들에게 진짜 필요한 공부가 무엇인지 발견하고 바꾸기 시작한 것이다.

에듀테크 시대의 교실에서 교사와 학생의 경계는 점점 모호해지고 있다. 교사는 문제를 내는 쪽이고 학생은 교사가 내준 문제를 당연하게 푸는 쪽이 더 이상 아니다. 이제 아이들은 자발적으로 문제를 찾아내어 스스로 문제를 만들어내고, 그 문제를 해결하기 위해 교사와 친구들과 함께 의논한다.

필요하면 언제든지 디지털 매체를 사용하고 가끔은 교사의 코칭을 받는다. 문제해결을 위한 자신의 생각을 자유롭게 발표한다. 얼마나 많은 문제를 풀었는가는 공부의 목표가 아니다. 동료들과 함께 문제를 어떻게 풀 것인가를 계획하고, 설계하고, 실행하는 것이 중요하다. 그리고 서로 평가하고, 또 다른 목표를 향해 다시 도전한다.

이런 수업이 프로젝트 수업이며, 토론 수업이며, 디지털 매체를 활용하는 거꾸로 교실이다. 이런 수업은 정해진 지식을 습득하는 것을 목표로 하지 않는다. 지식보다 중요한 것은 지식에 대한 학습자의 생각과 의견이다. 지식을 가지고 어떻게 사용할까에 대한 참신한 아이디어다. 따라서 모든 수업은 학습지의 생각과 의견을 가지고 소통하는, 끄집어내는 교육으로 전환하고 있다. 구경하는 공부가 아닌, 스스로 참여하는 공부로 전환하고 있다.

프로젝트 수업, 블렌디드 수업, 토론·토의 수업

프로젝트 수업

프로젝트 기반 수업(Project Based Learning)이란 '실생활에서 접할 수 있는 문제나 과제를 교사가 아닌 학생이 중심이 되어 자발적이고 협력적인 형태로 해결하는 수업'을 말한다. 다시 말해, 정답 중심의 교육이 아닌 불특정한 문제를 해결하는 능력을 키우는 수업이다.

문제를 함께 해결하는 프로젝트 수업에서 중요한 것은 먼저, 공통과제를 해결하기 위해 각자 특성에 맞는 역할이 있음을 이해하는 것이다. 그리고 서로 의견을 경청하고 소통하며 최선의 해결책을 찾아 나간다.

이를 통해 아이들은 문제는 혼자 해결하는 것이 아니라 함께 해결하는 것, 결과가 아니라 함께 답을 찾는 과정이 중요하다는 것을 깨닫게 될 것이다. 즉, 프로젝트 기반 수업은 서로 협력할 때 더 빨리 더 창조적으로 문제를 해결할 수 있음을 이해하고 경험하는 수업이다.

교육 강국 핀란드에서는 프로젝트 수업인 '현상기반학습'이 활발하게 진행되고 있다. 현상기반학습이란 '아이들과 관계가 깊은 실제 이슈로 진행하는 프로젝트 수업'이다. 이를테면 게임중독, 마약, 전염병, 환경문제 등의 지금 세상에서 일어나고 있는 이슈를 함께 살펴보고 문제해결을 경험하는 수업이다. 공부는 점차 지식 위주의 이론 수업에서 벗어나고 있다.

이런 수업을 아이들이 처음부터 잘할 수는 없다. 어려서부터 주도성과 자율성을 키우고, 자신의 의견을 타인과 주고받는 연습을 꾸준히 해야 한다. 주변의 일도 나의 일이라 생각하고 적극적으로 관심을 가져야 한다.

블렌디드 수업

온라인 플랫폼과 디지털을 이용한 교실이 확장되면서 우리나라에도 블렌디드 러닝이 활발해지는 추세다. 블렌디드 러닝이란 '두 가지 이상의 학습법을 섞은 혼합형 학습'을 말한다. 예를 들어 디지털 영상으로 공부하고 함께 모여 토론한다면, 온라인과 오프라인을 블렌딩했다고 볼 수 있다. 또 줌 등으로 온라인 수업을 하고 교실에서 프로젝트 수업을 진행하는 것도 블렌디드 러닝이다.

이런 혼합형 수업은 온라인 수업의 장점과 오프라인 수업의 장점을 이용하여 학습의 효과를 증대시키는 공부다. 따라서 100% 면대면 수업이나 100% 온라인 수업보다 더 효과적이라는 평가가 많다.

이렇게 새롭게 등장하는 교수법은 기존의 교실보다 탄력적이고 유연하다. 이런 새로운 흐름을 부모가 먼저 이해하고 있어야 자녀를 도와줄 수 있다.

토론·토의 수업

프로젝트 기반 수업이나 블렌디드 수업의 중심에는 토론·토의가 있다. 나 홀로 공부는 의미가 없다. 개인의 머릿속에 단편적인 지식을 담는 공부는 의미가 없다는 말이다. 자신이 알고 있는 지식을 타인과 공유할 때, 즉 내 생각이 머리 밖으로 나올 때 그 지식은 살아있는 지식이 된다. 이처럼 내 생각과 다른 사람의 생각을 융합하여 독창적인 아이디어로 발전시키는 공부가 바로 토론·토의 수업이다.

이전까지의 공부는 단편적인 지식을 이론 위주로 습득하는 것이었다. 하지만 이제는 지식을 이용해서 자신의 의식주에 적극적으로 활용하는 수준의 공부로 나가야 한다.

이것을 더 잘하기 위해서는 다양한 생각을 모아야 한다. 다양한 생각이 모여 부딪치다 보면, 상호소통 능력이 생기고, 비판적이고 논리적인 생각이 싹트고 자란다. 세계가 토론 공부에 초점을 맞추고 있는 이유가 여기에 있다.

평가 방법 :
수업의 모든 시간이 평가다

4차 산업혁명은 산업구조의 진화에 따른 교육혁명이기도 하다. 대량생산 구조의 산업체계는 개별형·맞춤형 생산체제로 전환되었고, 그에 따라 사회가 요구하는 인재상의 기준도 바뀌었기 때문이다. 따라서 우리나라 교육 현장은 시대의 요구에 따라 테크놀로지 중심의 수업이 빠르게 전개되고 있고, 역량 중심의 교육을 강조하며 평가 방법 또한 바꾸어가고 있다.

과정평가, 수행평가, 질적평가

주입식 교육 체제에서의 평가는 교사로부터 전해 받은 지식의 소유를 평가하는 결과평가, 양적평가였다. 그러나 디지털 교과서를 이용하여 언제든지 필요한 지식을 찾아낼 수 있는 시대에는 지식 자체를 묻는 방식의 평가는 의미를 잃어가고 있다. 이제 중요한 것은 지식 자체가 아니라, 그 지식을 어디에, 어떻게 사용할 것인가의 활용의 문제이다. 앞에서 보았던 문제를 다시 한번 살펴보자.

> 낙타가 살고 있는 환경 때문에 생긴 낙타의 신체적 특징을 바탕으로 인간에게 유용한 기구를 하나 발명해 보자. 그 구상도를 그리고 특징을 간략히 설명하라. (2012 한국과학창의력대회)

이 문제는 지식(낙타의 신체적 특징) 자체가 아닌, 지식을 응용(인간에게 유용한 기구의 발명)하여 구술 또는 서술로 풀어내라는 문제다.

그럼 이 문제에서 평가 기준은 무엇일까? 이 문제는 정답이 있을 수 없다. 다만 지식을 기반으로 한 학생들 각자의 상상력과 창의력과 말하기 능력이나 글로 표현해내는 능력이 필요할 뿐이다.

자, 그럼 이 문제로 모둠 토의 시간을 가졌다고 해보자. 이 토의 시간은 구술형으로 평가하는 시간이라고 보아도 무방하겠다.

이때, 모둠 구성원들의 문제를 해결하려는 태도는 매우 다양할 것이다. 호기심을 가지고 적극적으로 문제해결 의지를 발휘하는 학생이 있는가 하면, 이런 유형의 문제가 난감하여 소극적인 학생도 있을 것이다. 또 지식으로 접근하는 아이가 있는가 하면, 번뜩이는 실용적인 아이디어를 쏟아내는 아이도 있을 것이다.

또 수업에서 협동심을 발휘하는 아이가 있는가 하면, 자기주장만을 내세우는 아이도 있을 것이다. 어떤 아이는 남의 이야기를 경청하며 자기 생각을 펼칠 것이고, 그렇지 못한 아이도 분명 있을 것이다.

이렇게 토의를 하며 아이들이 문제를 해결해 나갈 때 교사는 어디서 무엇을 할까? 물론 교사는 아이들이 문제를 해결해가는 모습을 지켜볼 것이다. 막연히 구경만 할까? 그렇지 않다. 학생들의 문제해결을 수행하는 모든 과정이 교사의 평가대상이다. 이것이 바로 학생들의 수행적 측면을 관찰하는 수행평가다.

앞의 문제에 정답은 없지만 문제해결의 과정을 거친 결과물은 있다. 이 문제해결의 과정, 즉 어떤 결과물이 나오는 모든 과정을 지켜보는 교사는 수시로 안내자 역할을 하며, 아이들의 태도나 역할, 소통 방식, 상상력과 창의력 등을 평가한다. 이것이 과정평가이자 관찰평가다.

이 문제에 대한 아이들의 결과물은 다양할 것이다. 수준차도 생길 것이다. 그러한 결과물도 평가대상이지만 결코 양적평가는 아니다. 이것을 질적평가라고 말한다.

왜 과정중심평가인가

이처럼 과정중심평가에서 교사는 이 모든 과정을 지켜보며 필요에 따라 아이들을 코치할 수 있다. 즉, 문제해결의 과정에서 교사는 실시간으로 아이들과 피드백을 주고받는다.

그러나 결과중심평가에서는 결과만이 중요하다. 시험에서 답을 알아맞히면 더 이상의 피드백은 필요 없다. 과연 답을 맞히면 이해가 완벽히 일어난 것일까? 이해가 부족해도 답은 맞힐 수 있지 않나? 찍어서도 맞힐 수 있으니 말이다.

또한 결과중심평가에서는 공부에 대한 모든 책임이 학생에게 있다. 수업 시간에 교사가 학생에게 지식을 주입한 후, 아이들이 그 지식을 어떻게 소화하는지는 더 관여하지 않는다.

이에 반해 과정중심평가에서는 지식 자체가 아니라 지식을 사용하는 과정을 평가하므로, 학생이 지식을 더 깊게 다루는 과정에 교사가 적극 참여하게 된다. 공부에 대한 책임을 교사와 학생이 나누는 것이다. 교사는 아이들의 부족한 지점을 파악하여 즉각적으로 피드백을 주고받으며, 좀 더 개선된 방법으로 과제를 수행하도록 도와주어 공부의 선순환을 이끌어낸다.

우리 아이들에게 필요한 진정한 평가가 무엇인지 보이지 않나?

과정중심평가, 어떻게 도와줘야 할까

시대가 공부의 패러다임을 바꿔가고 있다. 학생들에 대한 평가 방식 역시 크게 바뀌고 있다. 이런 변화를 이해하고 이에 발맞추는 부모가 있는가 하면, 여전히 결과 중심의 지필평가, 즉 정답 빨리 알아맞히기 게임에 집중하는 부모도 있다. 이로 인한 아이들의 격차는 점점 벌어지고 있는데도 말이다.

초등시기는 공부의 첫인상과 함께 공부 습관이 자리 잡는 때다. 이 시기에 부모가 공부의 초점을 결과에 두고 점수를 기준으로 아이를 판단하고 평가한다면 어떻게 될까? 아이 역시 공부에서 중요한 것은 과정이 아니라 결과라고 믿게 될 것이다. 과정이야 어떻든 정답만 맞히면 된다고 생각할 것이다. 이런 아이들이 과정평가 시스템에 적응할 수 있을까? 결과가 중요한데 왜 자꾸 과정을 풀어내라고 하는지 이해를 못 할지도 모른다. 그러니 수업 시간에도 태도가 좋을 리가 없다.

반대로 부모가 점수가 아닌 아이의 태도나 노력 여하를 가지고 대하게 되면 아이는 결과보다 과정을 들여다보는 시각이 생긴다.

지금 나의 성적이 낮아도 더 노력하면 좋아질 수 있다는 성장 마인드가 긍정적인 가치관을 갖게 한다. 성적 자체가 자신의 모든 것이 아니므로 공부에 대한 자존감이 떨어지지 않는다. 다음에는 더 노력해서 잘해보자는 긍정적 다짐을 스스로 갖게 된다.

이런 태도는 결국 자신의 성장 가능성을 스스로 믿는 가치관으로 발전하여, 사회생활에서도 자신감을 가지고 도전하고 노력하게 한다. 또한 타인에 대해서도 노력하는 과정을 인정해주고 결과가 좋지 않더라도 다음을 도전하도록 격려하는 리더십을 갖게 된다. 이런 사람이 대인관계가 좋은 것은 당연한 일이다. 결국 이런 과정에서 서로 협력하여 좋은 결과까지 만나게 된다.

학교생활은 공부를 도구 삼아 사회생활을 훈련하는 곳이기도 하다. 학교를 단순히 지식만 쌓는 곳으로 여겨 결과 위주의 태도를 갖게 하는 것은 아이들의 사회생활에도 결코 도움이 되지 않는다.

과정중심평가는 태도를 평가한다

현행 교육에서 강조하고 있는 과정중심평가는 아이들을 교실의 주인공으로 만드는 평가방식이다.

이전의 주입식 교육은 학생들을 교실의 구경꾼으로 만들었고, 수동적으로 키웠고, 비판적 사고보다는 획일화된 사고를 갖게 했다. 이런 태도가 대량생산 체제의 사회에서는 통했지만 더 이상 통하지 않는다.

세상의 진화는 주도적인 참여를 요구하고, 자신만의 사고와 가치관을 바탕으로 한 창조성을 요구한다. 따라서 아이들은 교실의 주인공이 되어 지식을 습득하고 자신의 방식으로 표현하는 연습을 해야 한다. 교사는 아이들을 세밀하게 관찰하며 아이들이 함께 문제의 답을 찾아갈 수 있도록 이끄는 역할을 해야 한다.

그러므로 과정중심평가에서 중요한 평가 항목은 아이들의 적극적이며 자발적인 태도다. 하지만 부모가 평소에 결과 중심의 태도로 자녀를 대하고 아이의 실패를 두려워한다면, 과정중심평가에서 좋은 평가를 받기란 쉽지 않을 것이다.

벼락치기라도 해서 결과만 좋으면 우등생이라고 평가받았던 부모 세대의 공부와는 판이하다. 적극적 태도로 함께 어울려 문제를 해결하고, 친구의 이야기를 들어주고, 자신의 아이디어를 낼 줄 아는 아이가 되도록 하려면, 아이들의 일상생활에서의 태도부터 바뀌어야 한다. 이런 태도나 역량이 어느 날 갑자기 형성되는 것도 아니고 벼락치기로 습득할 수 있는 것도 아니기 때문이다.

일상에서 아이가 일을 스스로 해결하도록 기회를 주자. 이런 기회를 부모가 빼앗고 있는 것은 아닌지 점검하자. 과정중심평가는 기간이 정해진 시험으로 하는 평가가 아니다. 모든 수업이 평가대상이다. 따라서 아이의 일상을 먼저 점검해봐야 한다. 자녀를 대하는 부모 자신의 모습을 거울로 비춰 봐야 한다.

부모가 결과 중심의 평가방식을 깨고 나와야 한다. 아이가 노력했다면 점수에 상관없이 그 노력을 칭찬해주어야 한다. 아이에게 어떻게 그런 답이 나왔는지 물어보고, 그 답에 이르는 과정에 대해 함께 이야기를 나누어야 한다.

이런 부모의 반응이 모여, 아이는 결과를 만들어가는 과정의 중요성을 이해하고 또 그렇게 행동하게 될 것이다.

격차 :
아이들 간의 격차가 벌어지고 있다

심화되고 있는 아이들 간의 격차, 왜?

에듀테크 시대의 교실에서 아이들 간의 간극은 점점 벌어지고 있고, 그 벌어진 격차는 좀처럼 좁혀지지 않고 있다.

에듀테크 시대의 공부는 학생이 참여하는 공부다. 아이들이 공부의 주인이다. 지식을 받아들이는 것에 그치지 않고, 그 지식으로 무엇을 할 것인지를 궁리한다.

교실 역시 변화하고 있다. 지식을 단순하게 전달하는 교실에서 창의적인 문제해결 능력을 키우는 교실로 전환하고 있다. 이를 위해 교실의 도구, 교수 방법, 평가 방법을 바꾸고 있다. 이것은 사회의 변화가 가져온 교실의 혁신이다.

그런데 문제가 생겼다. 아이들 간의 양극화 현상이 갈수록 심해지고 있는 것이다. 왜 그럴까?

학생 주도 교실은 가만히 앉아서 듣는 공부가 아니다. 적극적으로 생각하고 말하고 움직이는 교실이다. 그러므로 평소에 가만히 앉아서 성실하게 듣는 훈련을 받은 아이에게 이런 교실은 낯설고 적응이 쉽지 않다. 변화하는 세상에서 적응자와 부적응자가 생기듯이, 교실의 변화에서도 같은 양상이 생기는 것이다.

무엇이 이런 차이를 만드는 것일까? 이것은 아이들이 가정에서 어떤 공부 습관을 들였느냐의 문제와 관계가 깊다.

높은 교육열을 가진 부모들, 그래서 조기교육이 발달한 우리나라에서 아이들의 공부에 대한 첫인상은 대체로 4~5세 전후에 형성된다. 이때부터 학교에 들어가기 전후의 3~4년 동안 아이들은 일상생활에서 본인도 모르게 공부의 정체성과 습관이 생기기 시작한다.

이 기간에 자기 생각을 물어봐 주고 관심을 가져준 어른을 만나지 못했다면, 자발성보다는 지시를 통해 성장했다면, 정답을 맞히면 기뻐하는 어른들 사이에서 성장했다면, 아이는 공부에 대해 어떤 생각과 습관을 갖게 될까?

이런 아이들이 갖는 공부의 정체성은 자기 생각 대신 정확한 답을 중요하게 여길 것이 뻔하다. 그러다 보면 주도성을 요구하고,

과정을 중요시하는 교실에서 적응하기 어렵다. 그러니 아이들 간의 간극은 결국 부모의 교육 태도와 철학에서 생기는 격차라 할수 있다.

무엇을 놓치고 있는 걸까?

프로젝트 수업에서 아이들이 가장 당혹스러워하는 것은 프로젝트 과제의 주제를 제시하지 않는 경우라고 한다.

현재 우리나라는 학교에 따라 다양하지만 프로젝트 주제 선정에서부터 아이들에게 권한을 주는 수업이나 과제가 늘어나고 있다. 아이들이 스스로 주제를 정하고, 어떻게 문제해결을 진행할 것인지 스스로 설계하고 실행해야 한다.

이러니 평소에 수동적인 공부에 익숙한 아이들은 과제의 주제를 정하는 첫 단계에서부터 막힐 수밖에 없다. 지식이 많아도 공부에 어려움을 느낄 수밖에 없고, 나중에는 학교 가기를 싫어하거나 거부하는 아이들도 생기게 된다.

프로젝트 수업, 토론토의 수업, 블렌디드 수업과 같이 아이들 주도의 수업은 혼자 조용히 하는 학습이 아니다. 하나의 문제를 해결하기 위해 함께 협력하는 협업의 공부다. 아이들이 살아갈 사회는 갈수록 혼자서 해결할 수 있는 문제보다 함께 협력으로 해결해야 할 문제가 더 늘어날 것이고, 그러니 협업의 공부가 더 필요하다.

예전에는 언니나 형의 물건을 물려받거나, 과자 한 봉지를 가지고 아웅다웅하다가 때로는 힘을 합치기도 하는 생활에서 자연스럽게 협업을 익힐 수 있었다. 그런데 요즘은 한 자녀로 성장하는 경우가 많아서 집에서 협력을 경험할 기회조차 얻기 어렵다. 이렇게 함께하는 것보다 혼자가 익숙한 아이들에게 협업을 요구하는 수업은 공부의 또 다른 어려운 문제로 다가오고 있다.

새로운 패러다임의 교수법들은 모두 소통의 공부를 요구한다. 지식에 대한 자신의 생각을 논하는 공부를, 머릿속 지식을 밖으로 끄집어내는 공부를 요구한다. 즉, 평소에 자신의 생각을 길러내지 않았거나 생각이 있어도 표현해 보지 않았던 아이들은 이런 수업이 힘들 수밖에 없다. 또, 자신의 이야기를 잘할 수 있어도 타인의 이야기를 듣는 훈련이 안 되어 있다면 역시 소통의 수업이 어렵다.

이 새로운 교수법은 아이들을 공부에 더 적극적으로 참여하게 해서 지식을 다루는 흥미와 지적 호기심을 자극하는 공부다. 이런 교실에 잘 적응한 아이들은 수업 시간이 즐거울 것이고, 그래서 준비도 더 적극적으로 할 것이다. 과거에도 과학 실험 시간과 체육 시간이 그나마 숨통이 틔는 수업이었던 것은 이 수업이 직접 참여하여 무엇인가 해 보는 시간이었기 때문이다.

이처럼 예나 지금이나 아이들은 자발적으로 하기를 원한다. 이 것은 자율성을 갖고 태어난 인간의 본능이다. 그러나 이 자율이란 본능에 타율을 입혀버린 어른들에 의해 시키는 대로 하는 것이 편해져 버린 것이다.

디지털 시대의 교육은 에듀테크를 지향하고 있다. 4차 산업혁명은 교육혁명이기도 하다. 이 새로운 사회에 대응하는 인재를 양성해야 하는 의무는 단지 학교에만 있지 않다. 미래 사회를 가치있게 살아갈 아이들을 위해서 학교와 부모는 상호 보완적인 파트너가 돼야 한다. 학교에 진화하는 정책은 있으나 생각을 바꾸지 못하는 어른들로 인해 아이들이 미래 경쟁력을 갖추지 못한다면, 그 책임은 모두 우리의 몫이 될 것이다.

그러니까 자꾸 질문하고 생각해야 한다. 디지털 네이티브로 태어난 그들에게 필요한 공부가 무엇인지, 무엇을 도와줘야 부모의 역할을 다하는 것인지, 학교는 왜 디지털 패드와 계산기를 활용하는 수업을 하는지, 왜 교수법과 평가 방법을 바꾸고 있는지 등에 대한 본질을 이해하고자 노력해야 한다.

프로젝트 수업, 토론토의 수업, 블렌디드 러닝 등의 수업에 필요한 것은 지식 자체가 아니다. 말하기, 쓰기 등의 기술적인 능력도 아니다. 먼저 공부에 대한 태도가 제대로 만들어져야 한다. 아이가 공부와 제대로 관계를 갖도록 도와줘야 한다.

공부가 무엇인지 올바로 알고, 공부하는 이유를 발견해야 스스로 다가가고, 적극적으로 움직이게 된다. 이런 태도가 생겨야 새로운 교실을 즐길 수 있다. 아이들에게 공부가 즐거우면 그 인생도 행복할 수밖에 없다. 누구든 아이의 행복을 바랄 것이다. 그 행복을 위해서 지금 아이에게 무엇이 필요한지를 구분하고 실행에 옮겨보자.

에듀테크 시대 초등 공부그릇 만들기

2부

역량강화 교육 :
이제는 역량이다,
공부그릇을 먼저 키워라!

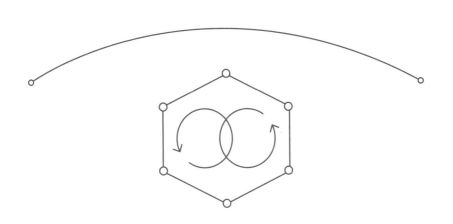

지금은 교육혁명의 시대다. 3차 산업혁명 시대와는 인간의 역할

이 확연히 바뀌고 있고, 교육이 바뀌지 않으면 국가가 미래경쟁력

을 확보할 수 없게 되었다. 그럼 인간의 역할은 이제 어디로 향하

고 있는 걸까?

[공부그릇 ①]
지식정보처리 역량, 문해력

텍스트를 가지고 노는 힘, 문해력

우리는 1부에서 에듀테크 시대 우리 학교의 실질적인 변화를 살펴보았다. 학교는 빠른 속도로 진화 중인 세상의 요구를 받아들이기 시작했고, 공부 도구와 방법 그리고 평가 방식에서 혁신을 일으키고 있다. 이에 따라 자녀 교육에 대한 생각 역시 방향을 바꿔야 한다.

이제 공부는 일방적인 가르침에 대한 수용이 아니다. 세상의 열린 정보와 지식을 이용한 자발적인 배움이 중요해졌다. 에듀테크 시대의 공부는 '정보의 바다에서 자신에게 필요한 지식정보를 캐내는 능력과 그것을 다른 지식정보와 융합하여 상황에 맞게 재구성하는 능력을 기르는 것'이다.

그렇다면 디지털 네이티브로 태어난 아이들이 에듀테크 시대의 공부를 잘하려면 어떤 준비가 절실할까? 그것은 바로 '다양한 매체의 원재료인 텍스트를 가지고 노는 힘, 즉 문해력'을 키우는 것이다.

아이들에게 평생의 공부 도구는 교과서 등의 책뿐만이 아니라 인터넷 속의 각양각색의 지식정보들이다. 이러한 지식정보의 바다가 무엇으로 이루어져 있는가를 보라. 다양한 모습의 텍스트로 이루어져 있다. 따라서 과거에도 중요했지만 점점 더 중요해지고 있는 것은 다양한 매체를 읽고, 이해하고, 추론하고, 분석하는 능력인 문해력이다.

문해력은 공부를 잘하기 위한 기초 요소일 뿐만 아니라, 나날이 급증하는 지식정보를 이용하며 살아가야 하는 세상에서 경쟁력의 원천이다.

문해력에 대한 오해

우리는 이쯤에서 '문해력'의 개념을 다시 확인해 볼 필요가 있다.

자녀가 어느 정도 자라서 학령기가 가까워져 글을 읽기 시작하면 엄마는 자녀의 읽기와 읽기 독립에 관심을 갖는다. 여기서 엄마가 생각하는 읽기 독립은 '엄마의 도움 없이 아이가 스스로 책을 읽는 것'을 말한다. 엄마 입장에서는 아이가 빨리 읽기 독립을 해서 원하는 책을 스스로 읽기를 바란다. 엄마의 수고도 덜어주고.

하지만 엄마의 기대와는 달리 글을 읽을 줄 아는 아이도 혼자서는 좀처럼 읽으려 하지 않고 엄마에게 자꾸 읽어달라고 한다. 아이가 읽어달라고 하니 읽어는 주지만, 왠지 마음이 급해진다.

"언제쯤이면 혼자 읽을 수 있을까요?"
"글자를 아는 데도 자꾸 읽어달라고 해요."
"언제까지 읽어줘야 할까요?"

강의 시간에 이런 질문을 하는 분들이 많다. 사실 이런 질문을 하는 엄마는 문해력에 대해 잘못 이해하고 있는 경우가 많다. 많은 엄마가 '단순 읽기'와 '문해력'을 동일시하여, 아이가 글자를 읽는 동시에 문해력도 생겼을 것이라는 믿음에서 이런 질문을 하는 것이다.

문해력은 글자를 읽는 것에서 출발하지만, 글자를 읽을 수 있다고 해서 문해력을 갖춘 것은 아니다. 아이가 단어와 문장을 읽고 그 뜻을 안다고 해도 그것은 단지 글을 해독하는 수준에 불과하다.

문해력은 '문장을 읽고 해독하는 수준에서 나아가, 그 문장이 전체 맥락에서 어떤 의미인지를 이해하는 능력'이다. 그리고 '그것들을 하나로 연결해서 전체 스토리를 이해하고, 그 안에 숨어있는 저자의 의도까지 파악하는 능력'이기도 하다.

이보다 더 높은 단계의 문해력은 '비판적인 사고로 스토리의 타당성을 판단해 보거나, 이야기와 자신을 연결하여 자신에게 적용해 보거나, 더 나아가 스토리를 다른 관점에서 재구성해보는 창의 능력까지 포함'한다.

따라서 문해력의 발달은 어느 특정 시기에만 이루어지는 것이 아니라 평생에 걸쳐 업데이트되는, 한 개인의 사회적 역량이다.

이쯤 되면 글자를 읽을 줄 아는 아이가 엄마에게 자꾸 읽어달라고 조르는 이유가 조금은 이해될 것이다. 아이는 글자만 겨우 해독하고 있을 뿐, 글을 읽어도 내용 파악이 부족하고 깊은 의미까지는 이해할 수 없어 재미를 느낄 수 없다. 반면에 아이의 듣기 능력은 엄마의 뱃속에서부터 발달하는 능력이기 때문에 이제 막 발달하기 시작하는 문해력보다 훨씬 뛰어나다. 그러므로 자신이 읽는 것보다 엄마가 읽어주는 것을 들을 때 이해가 더 잘되어 재미를 느낀다. 이러니 아이가 글을 읽을 줄 알아도 엄마에게 읽어달라고 요청하는 것은 매우 당연한 일이다. 이런 과정에서 더 발달하는 듣기 능력이 문해력의 발달도 촉진한다.

문제는 학년이 올라가도 문해력이 제 학년에 맞게 성장하지 못하는 경우가 다반사라는 것이다. 이러면 공부를 열심히 하려고 해도, 읽고 이해하는 단계에서 어려움을 느껴 공부에 흥미를 갖기 어렵다. 게다가 학년이 올라갈수록 읽고 이해해야 할 텍스트의 종류가 다양해지고 지문의 양이 늘어난다. 내용도 어려워진다. 공부가 싫어질 수밖에 없다.

아이가 노력은 해도 공부에 흥미를 느끼지 못한다면, 제일 먼저 문해력을 점검해봐야 한다. 문해력은 지식정보 처리 역량의 핵심이고, 평생 가져갈 공부그릇 형성에 가장 중요한 위치를 차지한다.

디지털 문해력, 미디어 문해력, 데이터 문해력

디지털 네이티브에게 필요한 문해력의 범위는 매우 다양하게 변화하고 있다. 이전에는 대부분 책을 통해 지식정보를 만났으니, 이에 필요한 문해력은 인쇄된 활자에 대한 읽기 능력이었다.

그러나 디지털 시대를 살아가는 우리는 다양한 매체를 수시로 만나게 된다. 책도 종이책과 디지털책이 있고, 다양한 형식의 미디어가 수시로 쏟아지고 있으며, 게다가 데이터를 빼놓고 세상을 바라볼 수 없게 되었다. 따라서 지금은 디지털 문해력, 미디어 문해력, 데이터 문해력까지 필요한 세상이다.

공부의 기본 도구인 교과서의 텍스트도 웹툰, 그림, 사진, 데이터, 소설, 동화, 기사 등으로 다변화되고 있다. 게다가 디지털 매체에 대한 문해력도 중요해지고 있다.

따라서 어릴 때부터 다양한 매체의 텍스트를 만나고 읽고 이해하고 사고해보는 훈련이 필요한데, 문해력을 동화책 읽기 정도로만 생각하면 아이의 문해력은 편협해지고 만다. 익숙한 텍스트에만 반응을 보이고, 잘 접해보지 못한 텍스트는 읽기를 거부하기도하여 공부의 걸림돌이 될 것이다.

문해력의 시작은 텍스트와의 만남이다. 이제부터라도 활자를넘어 그림을 읽고, 영상을 함께 해석해 보고, 데이터가 말하는 의미를 추론해보는 경험을 시작해야 한다.

표면의 해독에서 창의적인 읽기까지

아이가 글자의 규칙을 알고 글을 읽기 시작하면, 초보 읽기 단계인 표면 해독 단계에 들어간다. 이것은 문해력의 완성이 아니다. 이제 걸음마를 뗀 것이다. 이때 아이의 뇌는 글자의 형태를 인지하여 읽는 활동에 에너지 대부분을 사용하느라 글의 의미를 완전히 이해하기 어렵다.

아이는 이 단계에 꽤 오래 머물게 되는데, 이때 아이에게는 묵독보다 낭독이 필요하다.

낭독 연습은 문해력 발달을 위한 기초 형성을 돕는다. 처음에는 한 글자씩 더듬더듬 읽기 마련이다. 이 활동을 지속 반복하면 어느 순간 뇌는 글자가 조합되는 규칙을 터득한다. 더듬거리며 읽는 것에서 벗어나 줄줄 이어서 읽는, 읽기의 유창성이 나타나는 것이다.

유창성은 문해력에서 매우 중요하다. 초보 읽기 단계에서 유창성이 완성돼야 다음 단계인 독해 단계로 넘어갈 수 있다. 따라서 초등학교 1, 2학년은 물론이고 3, 4학년에도 낭독을 시켜보아서 유창성의 정도를 반드시 점검해봐야 한다.

낭독의 유창성뿐만 아니라 조사를 빠트리고 읽지는 않는지, 낱말이나 글의 어미 부분을 변형하여 읽지는 않는지, 제대로 띄어 읽는지 등을 살펴봐야 한다. 이것이 돼야 정확한 독해로 나갈 수 있다. 처음에는 표면적인 독해로 시작하지만 반복해서 읽다 보면 결국 글자 이면의 이해, 맥락의 이해, 그리고 더 깊은 이해로 나아간다.

문해력을 기르는 과정은 짧고 단순한 과정이 아니다. 학년에 따라 다양한 텍스트로 수준을 높여가며 지속적인 읽기를 해야 한다. 그러다 보면 어려운 글도 소화할 수 있고, 같은 텍스트를 읽어도 응용하는 역량이 생긴다. 이런 과정이 쌓이면 결국 창의로 나가는 역량을 갖추게 된다. 문해력이 디지털 시대에 남다른 사회적 경쟁력이 되는 이유가 바로 여기에 있다.

문해력의 발달을 촉진시키는 어휘력

문해력은 문장을 읽고 이해하는 힘에서 비롯된다. 따라서 글을 읽고 그 의미를 이해하기 위한 문해력의 기초는 어휘력이다. 문장은 어휘로 이루어져 있으므로, 어휘가 풍부할수록 읽고 이해하는 힘은 커진다. 곧, 문해력은 '풍부한 어휘력이 바탕이 되어 형성되는 능력'이라고 볼 수 있다.

학년이 올라갈수록 공부가 어려워진다는 것은 학습자가 소화해야 하는 어휘가 양적·질적으로 늘어난다는 뜻이기도 하다. 교과서 한 페이지를 읽을 때 모르는 어휘가 30%를 넘으면 읽어도 무슨 내용인지 파악하기 어렵다. 이렇게 되면 응용 단계로 나아가지 못한다. 아이가 공부를 힘들어하는 이유는 이런 기초적인 읽기 문제를 등한시한 채, 암기와 문제 풀이에 몰두하기 때문이다.

다음은 4학년 〈사회 교과〉 시간의 한 장면이다.

교사 : 예산은 국가나 단체에서 한 해의 수입과 지출을 미리 정한 계획을 말합니다.
학생1 : 선생님, 수입이 뭐예요?
학생2 : 선생님, 지출이 뭔가요?

교사는 예산의 개념을 알려주고 있지만, 예산의 의미를 이해하기 위해서는 수입과 지출의 의미를 먼저 알고 있어야 한다. '한 해'의 의미를 물어보는 아이도 있다. 이러면 교사의 말을 알아들을 수가 없다. 사정이 이러하니 선생님들은 아이들이 책 좀 읽었으면 좋겠다고 하소연한다.

그런데 가끔 아이의 어휘력을 높이기 위해 문제집을 풀게 하는 부모가 있다. 물론 문제집 풀기도 어휘력을 높이는 데 어느 정도 도움이 된다. 그러나 이렇게 익힌 어휘는 단편적인 지식 조각에 불과하다.

엄마는 문제집을 사주기에 앞서 어휘력을 높여야 하는 진짜 이유가 뭔지 생각해 봐야 한다.

문해력은 자신과 타인의 마음을 읽고 세상을 읽을 수 있는 역량으로까지 발전해야 한다. 이런 역량은 문제 풀이로 습득되고 길러지는 것이 아니라 사람 간의 관계에서 그리고 다양한 상황 속에서 길러진다.

즉, 어휘력은 다양한 상황이 벌어지는 이야기의 속에서 자연스럽게 쌓여야 한다. 그래야 창조적인 문해력 역량으로 발전할 수 있다. 문제집으로 키운 어휘력은 정답을 요구하는 시험에는 유용할지 몰라도, 디지털 시대 평생 가져갈 진정한 문해력을 기르기에는 적합하지 않다.

문해력을 키우는 3가지

문해력이 뛰어난 아이가 공부를 못할 수는 없다. 에듀테크 시대의 공부는 결국 텍스트를 읽고 이해하고 분석하여, 나의 생각으로 나가는 활동이기 때문이다. 따라서 부모는 아이의 문해력 발달에 지속해서 관심을 갖고 필요한 환경 제공에 힘을 써야 한다. 문해력 발달을 위해서는 다음 세 가지가 필요하다.

1. 아이 수준에 맞는, 쉽고 흥미 있는 책을 다양하게 제공해줘야 한다.
2. 읽기에 흥미가 생겨 즐길 정도가 되면, 좀 더 수준 높은 책을 읽어주고, 더 나아가 스스로 읽도록 이끈다.
3. 문해력은 읽은 것에 대한 자신의 생각을 말이나 글로 표현하는 창의적인 활동까지 포함한다. 처음에는 간단한 대화를 주고받거나 한 줄의 느낌을 써보며 생각을 표현하도록 한다.

독서는 문해력을 발달시키는 최적의 도구다. 읽으면 읽을수록 발달하는 것이 문해력이기 때문이다. 독서는 문해력을 발달시키며, 문해력의 발달은 다시 책을 깊게 읽게 해준다. 이런 선순환이 결국 아이의 남다른 역량으로 나아가게 한다. 학년이 올라갈수록 공부를 즐기는 아이로 성장하려면 문해력 발달이 핵심임을 알아야 한다.

[공부그릇 ②]
자기관리 역량, 자기주도 학습력

에듀테크 시대의 공부는 자기관리에서 시작된다. 물론 과거에도 자기관리 없이 공부를 잘할 수는 없었다. 그런데 왜 자기주도 학습 역량이 지금 재조명되고 디지털 시대의 첫 번째 역량으로 중시되는 것일까?

공부는 더 이상 주어진 것을 수동적으로 수용하는 것이 아니기 때문이다. 지식을 단지 받아들이는 공부는 점차 의미가 없어지고 있다. 이제 공부는 자발적으로 자신에게 필요한 지식정보를 캐내는 능력이고, 응용하고 재창조해내는 창의력이다.

그렇다면 에듀테크 시대에 더욱 중요해진 자기주도 학습력은 어떻게 길러지는 능력일까?

초등학교 4학년 자녀를 둔 엄마A는 오늘 아침도 학교 갈 준비를 하는 아이 입에 밥을 넣어주기 바쁘다. 미술 수업이 있는 날이라 준비물을 가방에 챙겨주고, 부랴부랴 아이와 함께 집을 나선다. 아이를 학교에 데려다주기 위해서다.

집에 돌아온 엄마는 쉴 새 없이 집안일 등으로 다시 분주하다. 그래야 학교 수업이 끝날 무렵 아이를 데리러 갈 수 있다. 아이를 픽업한 엄마는 학원 3곳을 함께 움직인다. 엄마는 아이가 학원에서 공부를 하고 있을 때, 비로소 차 한 잔 마실 여유가 생긴다.

아이와 함께 하루 일정을 보내고 집에 오면 저녁 일곱 시다. 이미 만들어놓은 저녁을 챙겨 먹이고, 숙제를 도와줘야 일과가 끝난다. 온종일 아이 뒤치다꺼리를 쳇바퀴 돌듯 반복하다 보니 어느새 아이는 엄마A의 삶의 보람이자 살아가는 이유가 되었다.

낯설지 않은 풍경이다. 이런 환경의 아이들에게 자기주도 학습을 바라는 것은 우물에서 숭늉 찾는 격일지도 모른다.

헬리콥터 맘이 만든 캥거루족

우리는 엄마A를 '헬리콥터 맘'이라고 부른다. 평생 자녀 주위를 맴돌며 자녀 일이라면 무엇이든지 발 벗고 나서는 엄마를 가리키는 말이다. 아이가 어릴 때부터 학습 매니저가 되어 자녀를 관리해 온 헬리콥터 맘은 아이가 대학교에 들어간 후에도 일거수일투족에 참견하는 경우가 많다. 심지어 자녀가 직장에 들어가면 직접 경력 관리를 하고, 때로는 직장 내 부서 배치에까지 개입하는 부모도 있다고 한다.

헬리콥터 맘은 지인들에게 가끔 하소연을 하기도 한다.

"이제는 아이가 모든 것을 알아서 했으면 좋겠어요."
"우리 아이는 엄마가 없으면 아무것도 못 해요."

헬리콥터 맘은 아이의 자립을 원한다고 하지만 자녀가 결혼해서 가정을 꾸려도 자녀의 삶에 간섭하던 습관을 쉽게 버리지 못할 것이다.

최근에는 현실 세계를 넘어 온라인에서까지 성인 자녀의 온갖 일에 참견하는 '사이버 헬리콥터 맘'이 등장했다. 전문가들은 "자녀가 어릴 때 과잉보호하며 키워 온 부모의 습관이 성인이 된 자녀의 '디지털 프라이버시'까지 침해하고 있는 것"이라고 분석한다.

우리나라는 현재 자립할 나이가 됐는데도 부모에게 의존하는 '캥거루족'이 OECD(경제협력개발기구) 가입국 중 최고 수준이다. 이들 중 30%는 취업해서 소득이 있음에도 불구하고 부모에게서 독립하지 않는 이른바 '찰러리맨'(child와 salaryman의 합성어)이다. 또

최근에는 일하지도 않고 일할 의지도 없는 청년 무직자인 '니트 (NEET: Not in Education, Employment or Training)족', 부모의 노후 자금으로 경제적 지원을 받는 '빨대족'까지 등장하고 있다.

이처럼 성인이 되어도 자립하지 못하고 부모에게 의존하며 살아가는 청년들이 늘어나는 이유는 무엇일까? 단지 청년 실업률이 증가하는 추세와 맞물려 일어나는 현상이라고 볼 수 있을까?

아니다. 어려서부터 자기 주도적인 삶 대신 부모 주도적인 삶을 살았기 때문이다. 자녀 주위를 맴돌면서 자녀와 함께 이륙과 착륙을 반복했던 헬리콥터 맘이 엄마의 주머니 안에서 보호받으며 살 수밖에 없는 캥거루족을 만든 것이다.

가만히 앉아서 교사의 설명을 받아먹는 시대가 아닌, 자기 생각을 갖고 스스로 탐색해야 하는 에듀테크 시대에 이런 아이들은 교실의 방관자로 부적응 학생이 되고 말 것이다.

자율성은 인간의 본성이다

인간은 자율성을 갖고 태어난다. 부모가 가르쳐주지 않아도 스스로 뒤집고, 기고, 앉고, 일어서고, 걷는다. 엄마는 아이의 신체 발육을 위해 시간표를 짜지도 않았고, 반복 연습을 시키지도 않았다. 그저 아이 옆에서 잘한다고, 대견하다고 진심으로 손뼉을 쳐

주었을 뿐이다.

그런데 어느 순간부터 서툰 아이의 행동들이 엄마의 마음을 불편하게 한다. 그러면 엄마는 지켜보는 대신 아이의 행동을 제어하기 시작한다. 아직 손의 대근육과 소근육이 완전히 발달하지 않은 아이가 스스로 숟가락질을 하려다 식탁 위를 엉망으로 만들거나, 스스로 양말을 신어보겠다며 실랑이를 벌이면 엄마는 두고 보지를 못한다.

인간은 자율적인 존재로 태어나지만, 어른에 의해 서서히 자율성을 빼앗기기 시작한다. 아이들이 스스로 무언가를 하려고 할 때 반복적으로 통제를 받게 되면 자율성에 대한 부정적인 이미지가 생긴다. 자율성에 부정적인 이미지가 결합하면 '스스로 무언가를 하는 것은 좋지 않은 것'으로 인식하고, 주변의 눈치를 보기 시작한다. 타고난 자율성이 서서히 꼬리를 감추는 것이다.

《스스로 살아가는 힘》의 저자 문요한은 "인간의 삶의 질적 차이는 지능이나 환경이 아니라 자율성의 차이"라고 말한다. 삶에 주인 의식을 가진 사람들은 위기에서 기회를 찾아내고, 스트레스를 자극 삼아 인생을 자신이 원하는 방향으로 끌고 간다. 이것이 삶의 시작은 같아도 점점 차이가 벌어지게 하는 자율성의 힘이라고 강조했다.

아이의 타고난 자율성을 유지하고 강화하는 데에는 엄마의 역할이 중요하다. 발달이 완성되지 않은 아이의 행동이 당장은 엄마를 힘들게 할지라도 특별히 위험하지 않은 행동이라면 기꺼이 지켜보고 응원하는 것이 아이의 자율성을 성장하게 하는 첫걸음이다. 이런 부모 자녀 간의 생활 태도와 습관이 결국 자기관리 역량, 자기주도 학습으로 이어지는 것은 당연하다.

자기주도 학습은 공부의 주인을 돌려놓는 것

아이가 처음 혼자 일어섰을 때, 그리고 혼자 첫발을 내디뎠을 때 아이의 표정을 기억하는가? 엄마는 아이의 당당하고 자존감에 가득 찬 표정을 잊지 못할 것이다. 그렇다. 인간은 아이든 어른이든 무언가를 스스로 해냈을 때 자신이 삶의 주인임을 느낀다. 그리고 행복감을 느낀다.

어렸을 때 마음잡고 공부하려고 책상에 앉으려던 순간 "공부해라!"라는 엄마의 한마디 말 때문에 폈던 책을 접었던 경험이 있을 것이다. 왜 그랬을까? 인간은 본능적으로 타인의 지시나 명령에 대한 반발심이 있기 때문이다. '공부해'라는 엄마의 한마디가 스스로 공부하려는 자율 의지를 꺾어버린 것이다. 이렇게 우리는 인생의 주인이 되고 싶어 하는 존재이다. 삶의 주인이 되었을 때 무엇을 하든지 자신의 열정과 책임을 다한다.

우리나라 부모는 자녀의 공부에 대단한 열정이 있다. 그러나 자녀가 공부를 잘하도록 도와주고 싶은 열정이 지나쳐, 아이의 주도권마저 빼앗으려 한다. 공부의 주인은 엄마가 아니다. 아이가 공부의 주인이다.

헬리콥터 맘처럼 엄마가 공부의 주인이 되면, 아직 힘이 약한 아이는 엄마를 따라갈 수밖에 없다. 자율성을 빼앗긴 아이의 마음속에는 반발심이 싹트고, 결국에는 자기주도 학습에서 멀어진다. 아이의 학습 스케줄 짜기부터 공부의 도구 선택까지 모두 엄마가 한다면, 그것은 엄마의 공부다. 아이가 자신의 공부에 책임감을 느끼기 힘들다. 책임감이 없는 공부는 언제라도 손을 놓을 수 있다.

하버드 대학교의 석좌 교수인 테레사 에머빌은 유치원 아이들을 대상으로 창의성 실험을 했다. 자신이 원하는 재료를 마음대로 고르게 한 집단과 실험자가 지정한 재료를 사용하는 집단으로 나누어 콜라주를 만들게 했다. 그 결과 스스로 재료를 고른 아이들이 더 창의적이고 성의 있게 작품을 만들었다. 이렇게 유치원 아이들도 자신에게 선택권이 주어졌을 때 책임감을 느끼고 훨씬 창의적이 된다.

사람은 나이와 상관없이 스스로 선택할 때 책임감을 갖고 최선을 다한다. 공부는 단기적인 활동이 아니다. 강요와 타율로는 지속가능할 수 없다. 특히 능동적으로 자신에게 필요한 지식을 찾아내 응용해야 하는 탐구 교육에서는 주도성이 더욱 필요하다. 따라서 우리는 아이들에게 자율이란 본성을 북돋아 주어 공부의 주인이 되게 해야 한다.

평생 공부가 필수인 시대다. 학령기의 자율적인 공부 훈련은 성인이 돼서도 스스로 공부할 힘을 갖게 한다. 인생은 길다. 부모가 언제까지 아이 옆에서 시시콜콜 지시할 수는 없다.

인생은 쉼 없이 어디로든 주행 중인 자동차와 같다. 복잡한 도로 위에서 직진할지, 좌회전할지, 유턴할지 스스로 결정하고, 방향 지시등을 켜야 한다. 이것은 스스로 해 본 사람만이 할 수 있다.

아이의 자기주도 학습력을 키우려면

1. 작은 일부터 스스로 선택하는 기회를 주자. 선택도 연습이다.

2. 일과표를 스스로 짜게 하고, 시간 관리를 하게 한다.

3. 엄마는 의논 상대가 되고 최종 결정권은 아이에게 준다. 결정권은 자존감과 책임감을 느끼게 한다.

4. 아이의 실패를 허용하자. 실패는 잘못이 아니다. 실패했을 때 격려하면 스스로 문제점을 찾고 교정하고 다시 도전한다. 회복력이 강해진다.

5. 아이가 질문하면 답을 바로 주지 말고, 질문에 또 다른 질문을 던져 스스로 찾아보고 생각하게 하자. 또는 해결을 위해 함께 의논하자.

에듀테크 시대의 부모와 교사는 코치이자 가이드일 뿐이다. 앞에서 살펴본 것처럼 과정평가의 등장은 교실의 주인공은 교사가 아니고 학생이라는 것을 알려준다. 부모가 과거의 교실만 떠올리며 수동적인 아이로 성장시키는 것은 아이를 공부의 구경꾼으로 키우는 것과 같다. 이것은 일상생활의 태도에서 비롯되는 것임을 잊지 말자.

[공부그릇 ③]
창의적 사고 역량, 창의융합 사고력

지금은 교육혁명의 시대다. 3차 산업혁명 시대와는 인간의 역할이 확연히 바뀌고 있고, 교육이 바뀌지 않으면 국가가 미래경쟁력을 확보할 수 없게 되었다. 그럼 인간의 역할은 이제 어디로 향하고 있는 걸까?

인공지능과 협업하는 아이들에게 필요한 역량

2016년 알파고와 세기의 바둑 게임을 치른 이세돌은 "인간이 알파고와 바둑 게임을 한다는 것은, 인간이 자동차와 경주하는 것과 같다"라고 소감을 밝힌 바 있었다. 바둑은 고차원적인 사고가 필요하지만, AI 알파고와 게임을 벌이는 것은 무가치하다는 뜻이다.

2017년에는 국제통번역협회 주최로 인공지능과 인간의 번역 대결이 벌어졌다. 알파고처럼 인공지능이 우세할 것이라는 예상을 깨고 인간 번역사가 압승했다. 인간 번역사는 문학 지문 30점, 비문학 지문 30점 만점에 종합 49점을 받아 19.9점을 받은 인공지능을 넉넉한 차이로 이겼다. 특히 문학 지문에서 차이가 크게 벌어졌다고 한다.

이 두 사례의 다른 결과는 미래를 살아갈 아이들이 길러야 하는 역량이 무엇인지 분명히 말해주고 있다고 생각한다.

이 번역 대결에 관해 한 관계자는 "바둑은 승부가 명확한 게임이지만 번역은 승패의 절대적 기준이 있다고 보기 어렵다. 기계 번역의 유용성을 확인하는 정도의 의미다."라고 말했다. 번역 분야는 인간과 기계의 협업으로 지금보다 더 효율적인 번역을 기대하고 있다고 한다. 한국번역협회 학회장은 "미래에는 기계 번역을 활용할 줄 아는 번역가가 경쟁력을 갖게 될 것"이라고 예상했다.

이런 흐름으로 볼 때 우리 아이들이 인공지능과 공존하며 살아가야 하는 것은 틀림없는 사실이다. 따라서 아이들의 역량 개발을 인공지능이 할 수 있는 분야에 맞춘다면 결국은 인공지능에게 대체 당할 것이다. 반면에 인공지능이 따라 하기 힘든 인간의 기능을 찾아 강점으로 키우면 오히려 인공지능을 활용하며 사는 대체 불가능한 존재가 될 것이다. 그렇다면 인공지능이 따라올 수 없는 능력은 무엇일까? 그것은 바로 생각하는 힘, 사고력이다.

융합과 창의를 요구하는 시대

지금은 창의융합의 시대다. 사람과 사람이 융합하고, 기계와 사람이 융합하고, 사물과 사물이 융합하고, 수많은 데이터가 융합하고 있다. 따라서 세상은 점점 더 융합적 사고방식을 요구하고 있다. 여러 집단의 사람과 다양한 생각을 교류하고 융합해서 독창적인 아이디어로 문제를 해결해야 하기 때문이다. 갈수록 문제가 복잡해져서 개인이 해결할 수 없는 문제가 많아지고 있다.

이런 융합적 관점의 사고력을 동반한 독창적인 문제해결 능력은 어려서부터 훈련이 필요하다.

1. 다음 중 고구려 문화제의 특징이 아닌 것을 고르시오. (객관식)
2. 고구려, 백제, 신라, 가야 문화제의 특징을 각각 2개씩 쓰시오. (주관식)

이런 유형의 문제는 고구려, 백제, 신라, 가야 문화의 특징을 암기하고 있으면 정답을 쓸 수 있는 암기력을 요구하는 문제다. 과거에는 이런 정형적 지식을 요구하는 문제가 많았다. 그러나 다음의 문제를 보자.

> 고구려, 백제, 신라의 문화재 중 2개를 골라 각 시대의 특징이 드
> 러나도록 시로 써라.
> (서울시 00초등학교 5학년 수행평가 중에서)

이 문제는 앞엣것에서 한 발 더 나간 문제다. 고구려, 백제, 신라의 문화재에 대한 지식도 있어야 하고, 그 지식을 응용하여 시로 표현해내는 감성과 표현력도 있어야 한다.

즉, 이 문제를 해결하는 데 필요한 역량은 단순 지식을 넘어 지식을 응용할 수 있는 능력과 시를 이해하고 이를 바탕으로 직접 시로 표현하는 창의융합 사고력이 함께 필요하다.

에듀테크 시대에는 이런 유형의 문제가 점차 일반화되고 있다. 예전에는 특별한 상황에서 특정 부류의 학생들에게나 주어졌던 문제인데, 이제는 수행평가 등으로 누구나 이런 문제를 해결하기 위해 자신의 창의융합 사고력을 펼쳐야 한다.

> 지금은 2030년, 인류가 외계 생명체에게 보내는 메시지를 공모하
> 여 태양계를 벗어나는 탐사선에 실어 보내려는 사업을 진행하고
> 있습니다.

이 탐사 사업은 외계 생명체에게 태양계와 지구를 소개하고, 태양
계에서 지구를 찾아올 수 있도록 메시지를 보내는 것입니다.

여러분도 공모에 참여하여 외계 생명체에게 태양계와 지구를 소개
하는 안내장을 만들고, 그림과 글로 나타내어 봅시다. (초등학교
5학년 과학 교과서 내용 중에서)

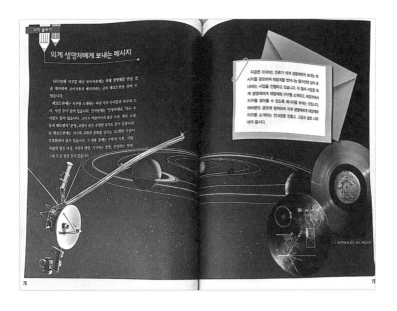

위 내용은 초등학교 5학년 과학 교과에서 '태양계와 별'을 배우
는 단원의 일부 내용이다. 제시된 문제는 과학의 개념이나 이론을
이해하는 단순 학습적인 차원을 벗어나 있다. 지식을 실생활과 융
합하도록 하고 있으며, 지식을 기반으로 매우 구체적이고 실용적
으로 나아가도록 창의 사고력을 요구하고 있음을 알 수 있다.

이처럼 교과서에 창의 사고력을 요구하는 문제가 등장하는 것은 어떤 의미일까? 창의 사고력을 훈련하고 발전시키는 것이 중요하기 때문이다. 단순 지식은 디지털 교과서나 인터넷 등에서 찾아 쓰고, 학습자는 스스로 생각하고 창조하고 소통하는 연습을 하라는 뜻이다. 이 대목에서 우리는 무엇이 진짜 공부인지 구분하고 이해할 수 있을 것이다.

앞으로 인간이 인공지능과 함께하기 위해서는 지식을 단순하게 쌓는 것이 아니라 지식을 융합하여 자신의 사고로 응용할 수 있어야 한다. 이것이 바로 진화하고 있는 사회가 요구하는 창조적 역량, 창의융합 사고력이다.

정답 찾기보다 생각이 어려운 아이들

세상은 갈수록 창의융합 사고력을 요구하고 있지만, 어떤 아이들은 생각하는 것 자체를 어려워하고 있다. 다음은 초등학교 저학년 수학 교과서에 실린 문제에 대한 한 아이의 답이다.

문제1) 코끼리, 고양이, 호랑이 동물 세 마리가 있습니다. 무게가 많이 나가는 순서대로 써 보시오.

학생의 답) 코끼리, 호랑이, 고양이

문제2) 그렇게 생각한 이유를 말해보시오.

학생의 답) 코끼리는 그냥 무거워 보이고, 호랑이도 무거워 보이고, 고양이는 가벼워 보이니까.

아이는 〈문제1〉에는 정확히 답했다. 그러나 왜 그렇게 생각했는지를 묻는 〈문제2〉에는 '그냥'이라고 답했다. 많은 아이들이 답은 쉽게 말하지만, 답에 대한 근거나 자기 생각을 표현하는 것은 어려워한다. 예컨대 "코끼리는 세 마리 중 가장 덩치가 크고, 나머지 둘 중에는 호랑이가 크다. 그러니 코끼리, 호랑이, 고양이 순으로 무겁다." 이런 식으로 논리를 세워 말하는 것을 어려워한다.

이것은 과정 중심의 공부보다 결과 중심의 공부에 익숙해져 있어서 나타나는 현상이다.

수학 문제를 풀 때도 답 찾기에만 급급할 것이 아니라, 풀이 과정을 고민해야 한다. 공식 암기 전에, 공식이 만들어진 과정과 배경을 이해해야 한다. 이런 사고 과정을 동반한 공부가 역량을 만들고, 공부그릇을 키울 수 있게 한다.

지식과 정보는 디지털 교과서 등을 이용하면 된다. 누구나 풀수 있는 문제의 답을 맞히는 훈련은 이제 공부가 아니다. 에듀테크 시대의 공부는 독창성을 키우는 것이다. 이 독창성은 플랫폼에 있는 지식정보를 연결하고 합치고 재구성하는 창의융합 사고력의 바탕이 된다.

이제는 '정답'보다 '의견'이 중요함을, '결과'보다 '근거'가 중요함을 깨달아야 한다. 창의융합 시대에 경쟁력이 어디에 있는지 알아야 한다.

창의융합 사고력을 기르려면

창의융합 사고력은 타고나는 것이 아니라 연습을 통해 발달한다. 가끔 부모들로부터 창의사고 문제를 푸는 것이 도움이 되느냐는 질문을 받는다. 물론 도움이 될 것이다. 그러나 창의 사고력은 정형화된 문제를 푸는 것에서 생기는 것이 아니다. 평상시에 생각하는 습관에서 생긴다. 생각은 많이 오래 할수록 깊어지고, 확장된다. 그러므로 일상에서 생각할 기회를 갖고 생각 연습을 늘려가야 한다.

창의융합 사고력을 키우는 데에는 다음과 같은 활동들이 도움이 된다.

첫째, "네 생각은 어떠니?", "왜 그렇게 생각했을까?", "같이 생각해 볼까?"라고 생활 속에서 습관처럼 질문해야 한다. 이런 작은 질문들이 생각의 기회를 갖게 하고, 생각그릇은 커지기 시작한다.

둘째, 생각을 자극하는 부모의 질문이 쌓이면, 아이는 스스로 질문하게 된다. 이렇게 질문을 통해 이야기를 주고받으면서 사고력은 성장한다. 이것이 책 읽기에도 이어져 아이는 스스로 질문하며 생각을 키우는 읽기를 터득한다. 스스로 만든 질문에 답해가며 읽기도 하고, 앞의 내용에 이어질 내용을 예측하며 읽기도 한다. 결말을 뒤집어보며 상상으로 책 읽기를 이어가기도 한다.

셋째, 지식과 정보를 당연하게 수용하지 말고 생각을 거쳐 받아들이도록 이끈다. '왜 그럴까?'라고 질문하면 비판적 사고가 생기고 창의융합적 사고로 이어진다. '어떻게 이런 결과가 나왔지?'라고 질문하면 과정이 보인다.

아이의 키가 쑥쑥 자라는 동안 생각그릇도 쑥쑥 자라야 한다. 지식을 습득하고 답을 맞히는 기억 활동보다는 일상에서 생각하는 활동을 하도록 이끌어야 한다. 이런 활동이 내 생각을 갖게 하고 나의 생각그릇을 키울 수 있게 할 것이다. 이것이 공부와 세상에서 경쟁력을 갖게 할 것이다.

[공부그릇 ④]
심미적 감성 역량, 예술적 감성

창의융합인재교육에서 중시하고 있는 Art(심미적 감성) 역량은 풍요로워진 사회의 요구를 교육정책에 반영한 것이다. 게다가 인공지능 등의 기계가 인간의 영역을 대체해가는 상황에서, 심미적 감성은 인간이 경쟁력을 가질 수 있는 역량이기도 하다. 이제 어느 분야의 직업을 갖더라도 디자인과 예술적 감각은 필수 능력이 되었다.

전공과 무관한 진짜 음악 수업

미국 뉴멕시코 주 산타페에는 아주 특별한 대학이 있다. 리버럴 아츠 칼리지 세인트존스 대학이다. 우리나라에서도 특별한 교육 프로그램을 운영하는 학교로 소개된 적이 있다. 세인트존스 대학은 전공과 시험이 없고, 학년이 없고, 정해진 커리큘럼이 없는 학교로, 리버럴 아츠 칼리지(Liberal Arts Collage, 인문학 및 순수자연과학 분야의 학부 과정)다.

그럼 이 대학에서는 무엇을 배울까?

4년 동안 100권의 고전을 읽고 토론하는 것이 주 프로그램이다. 그 외 수학, 과학, 언어 수업도 하는데, 강의식이 아닌 토론 수업만 한다. 이 학교에 유학 간 우리 학생 중에는 이곳의 특별한 수업 방식에 버티지 못하는 경우도 있다고 한다.

이처럼 일반 대학과 많이 다른 세인트존스 대학에서 또 하나 눈에 띄는 것은 모든 학생이 4년 동안 음악 수업을 받는다는 것이다. 보통 예술 분야가 전공 학생들의 전유물인 것에 비하면 매우 이례적이다.

아리스토텔레스는 "음악이 인간의 감정과 영혼에 큰 영향을 끼친다"고 했는데, 세인트존스 대학에서 음악을 필수로 공부하는 이유가 바로 여기에 있다고 생각한다.

세인트존스의 음악 수업은 주로 음악을 즐기며 체험 위주의 수업을 한다. 실제로 작곡을 해보기도 하고, 거장의 유명한 곡을 듣고 분석하면서 그런 곡이 어떻게 작곡되었는지, 어떤 음악 이론이 적용됐는지 등을 살펴보는 식이다. 피아노곡을 직접 연주할 수 있도록 연습하기도 하는데, 이 역시 교사가 가르쳐주는 형식은 아니다.

이처럼 세인트존스 대학의 음악 수업은 인간이 가진 예술적인 감수성을 스스로 체험하고 자신에게 응용하기에 더없이 좋은 경험이 된다고 한다. 예술적인 감각이 어느 날 갑자기 생기는 것은 아니다. 자신에게 있는 유전적 인자도 중요하겠지만, 그것 역시 환경을 만나지 못하면 발휘할 수 없다.

그동안 학교에서 음악, 미술 등의 예술성을 키우는 교육은 주요 과목이라 여기는 국·영·수·사·과에 밀려나 있었다. 그러나 디지털 시대에 기계가 진화할수록 인간 고유의 감성을 자극하여 예술적 감각을 갖추도록 도와주는 음악이나 미술 등의 예술 활동은 점점 중요한 위치를 갖게 될 것이다.

감성과 예술성의 세포를 깨우는 ART 공부

창의융합교육에서 심미적 감성 역량을 키우는 공부는 미술이나 음악 등의 특정 수업에만 한정되지 않는다. 모든 수업 시간은 지식과 예술성을 융합하고, 이를 신체적 활동으로 구체화한다.

식물의 세계를 주제로 제1회 세포 티셔츠 디자인 공모전이 열리고 있습니다. 식물을 이루고 있는 식물 세포를 현미경으로 관찰한 모습이나 식물의 구조를 티셔츠 무늬로 디자인하는 공모전입니다. 현미경으로 관찰한 식물 세포나 식물의 구조를 티셔츠에 표현해 볼까요? (초등학교 5학년 과학 교과 내용 중에서)

초등학교 5학년 과학 시간의 한 사례이다. 단순한 지식과 이론을 배우는 수업이 아니다. 지식을 응용하여 의상 디자인으로까지 이어지는 과학과 예술적 감성, 신체 활동이 만나는 수업이다.

이제 중요한 것은 지식을 수용하고 쌓아가는 공부가 아니다.

'알고 있는 또는 새롭게 배운 지식을 어디에 어떻게 사용할까?' 등 지식의 실질적인 사용이 중요하다. 이때 필요하고 변별력을 주는 역량은 독창적인 예술 감성이다.

> 고구려, 백제, 신라, 가야 문화재 중 2개를 골라 각 시대의 특징이
> 드러나도록 시로 써라. (00초등학교 5학년 수행평가)

앞에서 본 5학년 역사 수업의 수행평가 과제도 그렇다. 지금까지 역사는 암기 비중이 높은 과목으로 여겨졌으나, 중요한 것은 역사적 사실을 아는 것이 아니다. 역사적 사실을 나의 감성이 녹아든 시 등으로 표현할 수 있느냐가 중요하다.

예술이 많이 대중화되었어도 우리에게 예술은 여전히 좀 멀게 느껴지는 것이 사실이다. 음악, 미술, 문학 등은 인간의 감수성을 자극하고 길러내는 좋은 도구라는 것을 이해하고, 가까이 두고, 가능하면 직접 해봐야 한다. 인공지능 시대에는 더욱 그렇다.

작곡가의 이름을 외우고, 유명 화가의 이름과 작품명을 외우고, 시의 중심 단어를 찾는 것은 더 이상 공부가 아니다. 이 시대가 아이들에게 요구하는 교육은 이론가를 만드는 교육이 아니다. 마음으로 음악을 느껴보고, 그림에서 작가는 무엇을 말하고 있는지 들여다보고, 짧은 시가 주는 긴 여운의 감동도 받을 줄 알아야 한다. 이런 공부가 심미적 감성 역량을 키워줄 것이다.

* 좋은 그림책을 골랐다면 이야기를 따라가는 것도 좋지만, 그림을 느껴 볼 시간도 허용하자.
* 책을 읽을 때, 식사를 할 때 음악을 나지막하게 틀어놓자. 무슨 음악인지 는 중요하지 않다. 그냥 아이가 감성대로 느끼도록 놔두자.
* 가끔은 아이와 함께 시를 천천히 낭독하자. 그 자체로 아이의 예술성이 자 극받을 것이다.

이런 환경들이 쌓이면 아이의 잠자던 예술 세포는 조금씩 깨어 난다. 자신의 영혼과 감성에 쌓인 것이 모르는 새 자신만의 예술 적 기질이 되어 어느 순간 밖으로 나온다.

이런 환경 덕분에 아이의 감각은 인공지능의 매뉴얼과는 차원 이 다른 것이 된다. 패션 감각이 남달라질 것이고, 집을 꾸미는 감 각이 생길 것이다. 직장에서는 튀는 감성적인 아이디어가 자신도 모르게 튀어나올 것이다.

이제 Art 감성은 선택이 아니라 필수인 시대임을 잊지 말자.

[공부그릇 ⑤]
의사소통 역량, 표출 능력

"우리나라에 있는 전봇대는 전부 몇 개일까요?"

이 질문은 우리나라 모 기업의 면접장에서 면접관이 한 지원자에게 던진 질문이다.

문제해결 능력은 의사소통 능력

왜 교육정책에서 의사소통 역량을 학습 목표로 제시하고 있을까?

4차 산업혁명 시대에 가장 위협받고 있는 직업군은 다름 아닌 화이트칼라다. 지금까지 우리에게 학력이 중요했던 이유는 바로 화이트칼라 또는 전문 직종으로 진입하기 위함이었을 것이다. 그러나 디지털 혁명 시대에 단순 지식 노동은 점차 인간의 역할에서 멀어지고 있다. 다양한 분야에서 사무자동화, RPA(Robotic Process Automation) 시스템 등이 지식 노동을 대신하고 있기 때문이다. 날로 진화하는 디지털 기기와 AI는 화이트칼라의 영역을 대체해가고 있다.

따라서 인공지능과 공존하는 시대에 인간의 경쟁력은 정형화된 지식을 가지고 정해진 사무를 보는 화이트칼라 직군에서 찾기 어려울 것이다. 이제 인간은 정해진 일보다 불특정한 일에서, 정답보다 문제해결력이 필요한 영역에서 의미를 찾게 될 것이다. 이것은 정형화된 매뉴얼을 쏟아내는 RPA 시스템이나 AI가 할 수 없는 영역이기 때문이다.

더군다나 갈수록 세상은 복잡하게 연결되고 있고, 복잡다단한 문제들이 불시에 나타나고 있다. 결국 이런 불특정하고 복잡한 문제들은 어느 한 개인의 힘이 아닌 다수의 협업을 요구한다. 협업을 위해서는 소통하는 능력이 더욱 중요하다.

이것이 기업이 문제해결력과 의사소통 역량을 갖춘 인재를 찾는 이유이다. 이런 역량은 학력 등의 스펙에는 잘 드러나지 않기 때문에 블라인드 면접 같은 새로운 방식의 면접을 도입하고 있는 것이다. 앞의 질문은 바로 신입 채용 블라인드 면접에서 지원자의 문제해결 능력, 소통 능력을 테스트하기 위한 질문이다.

물론 이 문제는 정답을 요구하는 문제가 아니다. 문제해결을 위한 아이디어를 논리적인 추론과 근거를 갖춰 보여줘야 하며, 그것을 구술로 면접관에게 잘 표현하고 소통해야 한다.

서술·논술·구술 시험은 소통 능력을 키우는 연습

에듀테크 시대의 교실에서는 디지털 이주민(아날로그 세상에서 태어나 디지털 환경 속에서 사는 세대)으로 사는 기성세대는 상상하기조차 어려운 일이 흔하게 벌어지고 있다.

조용히 앉아서 교사의 수업을 듣던 시대에는 자신을 드러낼 기회가 거의 없었다. 교사는 개성 있게 자기를 표현하는 아이보다는 정해진 규칙 안에서 자신의 역할을 잘 수행하는 아이를 칭찬했다. 개인의 생각을 드러내거나 특출난 행동을 하면 눈살을 찌푸렸다. 소수의 의견은 무시되기 일쑤였다. 정해진 지식과 정답이 중요했다. 교사는 정답을 위한 지식을 가르쳤고, 학생은 정답을 암기했다.

그러나 에듀테크 시대에는 누구나 똑같이 알고 있는 정답은 로봇으로도 충분하다고 한다. 이제 인간의 경쟁력은 독창적인 생각에 있다고 한다. 그리고 그 생각을 혼자 간직하는 것이 아니라 서로 나누고 공유하라고 한다.

이것이 학교에서 서술·논술·구술 시험으로 평가하는 이유이다. 서술·논술·구술형 시험에서는 정해진 답이 아니라 자기 생각을 말과 글로 표출할 수 있어야 한다. 정답을 요구하는 시험은 단순 암기력이 필요하지만, 생각과 의견을 요구하는 서술·논술·구술형 시험은 지식의 근본을 이해해야 한다. 지식의 개념과 원리를 철저하게 이해해야 자신만의 생각으로 지식을 응용하고 말이나 글로 소통할 수 있다. 따라서 암기가 필요한 지식도 단순 암기가 아니라 이해를 동반한 암기여야 한다.

다음 초등 3학년 〈과학〉 과목 서술형 문제를 보자.

어린이 약 중에는 물약도 있다. 병원에서 처방전을 받아 약국에 가면 30mL, 60mL, 100mL 등의 작은 병에 액체로 된 약을 담아준다. 받아온 약을 어떤 부모는 어림하여 한 스푼, 두 스푼 먹이는 걸 볼 수 있다. 하지만 이런 행동은 아이의 건강에 좋지 않은 영향을 줄 수 있다.
〈○○신문, 2016년 3월 20일〉

〈문제〉 위 신문 기사에서 말하는 문제점을 찾아 쓰고, 이 문제점을 근거로 해결 방안 2가지를 생각하여 약국에 보내는 편지글을 쓰시오. (8점)

이 문제는 '액체의 부피를 정확하게 측정해야 하는 이유와 방법'을 묻는 문제이다. 개념을 외우고 있는지를 평가하는 것이 아니라, 개념을 제대로 이해하고 있는지를 평가하는 문제다. 그리고 이해한 개념으로 독창적인 문제해결(응용력)이 가능한지, 그것을 편지글로 표현(표현력)할 수 있는지를 평가하고 있다.

아이들은 이런 서술형 문제를 머리 아파한다. 문제에서 요구하는 것이 무엇인지 모르겠다며 자신의 의견을 어떻게 써야 할지 난감해한다. 아이들이 이런 유형의 문제를 어려워하는 이유는 평소에 원리를 이해하는 공부가 부족하고, 머릿속 지식을 응용하여 밖으로 표현해 보지 않았기 때문이다.

이제는 지식을 받아들이고 이를 자신의 목소리로 출력하는 공부를 동시에 해야 한다. 응용하거나 표현하지 않고 머릿속에만 저장하는 공부는 의미가 없다.

사지선다형이나 주관식 시험에서는 표현력이 중요하지 않았다. 하지만 서술·논술·구술형 시험에서는 머릿속 지식이나 생각보다 자기 생각을 얼마나 잘 표현하는지가 중요하다. 그러므로 평소에 자신이 이해한 지식을 말과 글로 표현하는 연습이 필요하다.

지식은 말과 글로 표현될 때 더 깊어지고 확장된다. 그리고 독창적인 생각으로 발전한다. 결국, 말이나 글로 표현하는 공부는 소통하는 공부이며, 독창성을 기르는 공부인 셈이다.

표현하고 소통하는 공부가 세계를 누비게 한다

에듀테크 시대, 창의융합 사회에서는 표현하는 공부를 점점 강조하고 있다.

다양한 매체를 통해 전 세계가 소통하는 시대다. 학교, 기업, 단체 등 다양한 곳에서 자신을 표현해야 한다. 블로그나 SNS 등에서 자신을 드러내고 사회적 관계를 맺으며 살아가고 있다.

지금은 1인 미디어 전성시대이다. 1인 미디어는 개인이 콘텐츠를 기획하고 제작해서 유통하는 것을 말한다. 이제는 인터넷을 통하여 누구나 스타가 될 수 있고, 기자나 PD가 될 수 있으며, 방송국을 운영할 수도 있다. 누구나 게임, 미용, 패션, 먹방(먹는 방송) 등 그 어떤 것이라도 콘텐츠로 생산해서 대중에게 선보일 수 있다.

그동안 우리는 특정한 재능이 있는 사람들이 만든 특정한 콘텐츠를 일방적으로 소비하는 단순 소비자였다. 그러나 1인 미디어 시대에 소비자는 단순히 시청만 하지 않는다. 생산자와 실시간 소통하며 방송에 직접 참여하는 적극적인 소비자가 되었다.

이렇듯 1인 미디어는 생산자와 소비자 모두의 참여와 소통의 욕구를 충족시키며 전성시대를 맞이하고 있다.

인터넷의 발달과 디지털 혁명은 언제 어디서나 개인의 역량을 드러낼 가능성을 활짝 열어주었다. 이것은 무엇을 의미하는가? 자신을 표현하고 출력할 수 있는 능력, 곧 의사소통 역량이 경쟁력이라는 뜻이다.

자녀의 의사소통 능력을 발달시키려면, 일상에서 자유롭게 자신의 의견을 근거로 뒷받침하며 말할 수 있어야 한다.

1. 일상에서 아이의 의견을 자주 물어본다. 이때 아이의 의견을 평가하지 않는 것이 중요하다.
2. 왜 그렇게 생각하는지를 물어보자. 평가하고 따지려는 것이 아니라 무엇이 아이의 생각을 그렇게 이끌었는지 궁금해서 물어보는 것이다. 이런 연습이 생각에 근거를 갖게 한다.
3. '정답은 없다', '생각은 정답이 아니다', '생각은 다양하다' 등 생각에 유연성을 가질 수 있도록 본보기를 보여주자.

아이가 생각을 말할 때 부모가 맞고 틀리고를 판단하면 아이는 점점 자신의 생각을 드러내지 않게 될 것이다. 결국 소통이 어려워질 것이고, 소통 역량을 길러내기 어렵다.

[공부그릇 ⑥]
공동체 역량, 협업 능력

지금 세상은 분업 사회에서 협업 사회로 진화하고 있다.

대량생산체제에서는 일의 효율을 높이기 위해 생산의 모든 과정을 쪼개고 나누어 분담시켰고, 노동자는 맡은 일만 충실하게 하면 그만이었다. 회사는 과 또는 부서를 철저하게 분리해서 각자 맡은 일만 하도록 했다. 학교도 마찬가지였다. 여러 과목으로 쪼개어 독립적으로 가르쳤다. 공부 또한 각자 조용히 했다. 이처럼 분업 사회에서는 개인이 파편처럼 흩어져 각자 맡은 일을 하는 것이 미덕이었다.

문제해결력의 비결은 협업

그러나 최근에는 산업의 경계가 사라지고 있다. 언젠가부터 통섭, 융합, 초연결이 경제뿐만 아니라 사회 전반의 화두가 되었다. 이런 상황에 발맞춰 기업에서는 협업을 잘하는 사람을 인재로 보기 시작했다. 협업은 이제 가장 중요한 역량이다.

현대 사회는 예측 불허의 문제가 수시로 발생한다. 이런 문제를 해결하기 위해서는 문제를 다양한 각도에서 바라볼 수 있어야 한다. 그러려면 생각이 다른 여러 사람이 모여서 협업해야 한다. 즉, '독창적인 문제해결력'은 '협업'을 통해서만 나온다.

예전에 우리는 〈사회〉 과목에서 전국이 일일생활권 시대가 왔음을 가르친 적이 있다. 지금은 어떤가. SNS로 전 세계가 실시간으로 연결되고 있다. 전 세계가 일일생활권 시대라고 말해도 될 정도다. 이것은 전 세계 사람이 인터넷으로 삶의 모든 것들을 공유하는 '공유 사회'에 살고 있다는 뜻이다. 우리 집 저녁 메뉴에서부터 우크라이나 전쟁에 이르기까지 일의 경중을 막론하고 실시간으로 전 세계에서 공유가 가능해졌다.

여기에서 '독창적인 문제해결력'과 '공유의 시대'라는 키워드를 합쳐보면, 왜 기업이 소통과 협업을 잘하는 사람을 우수 인재라고 여기는지 알 수 있을 것이다. 왜 학교가 협업 능력을 공부의 역량이라고 여기는지 알 수 있을 것이다. 이제는 특출한 한 사람이 다수를 이끄는 독재형 리더십의 사회는 지나갔고, 협업 능력이 경쟁력인 협업 리더십의 사회가 왔다.

협업의 대표적인 모습, 집단지성

협업의 대표적인 사례가 〈위키피디아〉다. 〈위키피디아〉는 누구나 자유롭게 참여하여 만들어가는 온라인 백과사전이다. 〈위키피디아〉에는 다양한 방면의 방대한 지식이 수록돼 있다. 접근이 편하고 내용이 지속해서 업데이트되기 때문에, 여러 논란에도 불구하고 세계인이 애용하고 있다. 다수의 협업이 없었다면, 〈위키피디아〉는 지금과 같이 대중적인 백과사전의 역할을 할 수 없었을 것이다.

협업이 중요한 사회가 되자, 교육 형태도 바뀌기 시작했다. 프로젝트 기반 수업, 토론 수업, 거꾸로 교실과 같은 수업에서 아이들은 협업하는 법을 배운다.

물론 협업이 말처럼 간단한 일은 아니다. 경험이 부족한 아이들은 여럿이 함께하고 협업해야 하는 프로젝트나 토론을 힘들어한다. 여럿이 있는 공간에서 자기의 의견을 말하는 것을 어려워하는 아이도 많다. 또 다른 친구의 말을 끝까지 듣고 공감하는 것에서툰 아이도 많다. 자신의 의견과 다른 의견을 내놓으면 싸우자는 것으로 받아들이는 아이도 있다.

아이와 함께, 협업 훈련

협업은 훈련으로 발달하는 역량이다. 협업을 잘하기 위해서는 소통 능력, 공감 능력 그리고 자기 통제력을 길러야 한다.

어려서부터 부모와 수평적인 위치에서 대화하면 소통과 공감 능력은 자연스레 길러질 것이다. 협업을 가르치고 싶다면 아이에게 지시와 명령 대신 의논과 대화가 필요하다.

자기 통제력, 자기 조절력이 부족한 아이는 혼자 하는 것은 잘할지라도 타인과 협업하는 것은 어려워한다. 그러므로 협업을 훈련한다는 것은 결국 자기 통제력을 훈련하는 것과 같다.

놀이터는 협업과 자기 통제력을 배울 수 있는 좋은 공간이다. 함께 놀며 협업을 배우고, 그네 등을 타는 순서를 기다리며 자기 통제력을 배운다. 물론 그네를 먼저 타겠다거나, 기다리는 아이들을 모른 체하고 계속 타겠다고 떼쓰며 갈등을 일으키기도 할 것이다. 그러나 그런 갈등 속에서 아이들은 배운다. 이때 부모 등 주위의 어른들이 갈등을 중재하며 자연스럽게 배울 수 있도록 이끄는 것이 중요하다.

이렇게 갈등이 일어나는 상황에는 긍정적인 요소가 많다. 가장 안 좋은 것은 이런 갈등을 겪을 기회조차 박탈하는 것이다. 그러므로 아이가 협업하는 법을 배우도록 하기 위해서는 다른 아이와 함께하는 시간을 많이 만들어 주어야 한다.

아이와 함께 마트에 다녀오는 시간도 협업을 경험할 수 있는 소중한 시간이다. 집에 돌아와서 장 봐온 물건을 아이가 정리하도록 맡겨 보는 것도 좋다. 부모가 생각하는 것보다 더 잘할 것이다. 물론 정리가 시원찮을 수도 있지만, 가족의 구성원으로서 협업하는 법을 배울 수 있는 귀중한 시간이다.

이때 부모가 아이의 행동을 알아주고 칭찬하면, 아이는 함께하는 기쁨을 알게 될 것이고, 다른 곳에서도 협업이 자연스러운 아이가 될 것이다.

혼자 컴퓨터 게임만 하도록 놔두지 말고 가족이 함께할 수 있는 활동을 찾아보자. 가족이 함께 조각 퍼즐을 맞춰보는 활동도 좋다. 함께할 때 더 즐겁고 빨리 맞출 수 있다는 것을 느낀다면 협업을 굳이 말로 설명하지 않아도 된다.

협업 능력은 혼자 공부하면서 문제를 풀 때 생기는 것이 아니다. 함께 공부하며 각자의 방법을 공유할 때 생긴다.

우리나라는 혼자 공부하는 문화가 강하다. 외국인이 노량진 학원가를 보면 그야말로 충격받는다고 한다. 책상 앞에서 혼자 조용히 하는 공부는 시대에 맞지 않는 공부다. 소통과 협업의 공부를 익히지 않으면, 사회 진출에 많은 어려움을 겪을 수밖에 없을 것이다.

지금 우리 아이가 협업을 배울 수 있는 환경에 있는가? 협업 능력은 일상에서 얻어지는 것이다. 부모가 아이의 롤모델이 되어주어야 한다. 난폭 운전을 하는 부모와 양보하고 배려하는 운전을 하는 부모 중에 아이는 어떤 부모에게서 협업을 배우게 될까?

에듀테크 시대 초등 공부그릇 만들기

3부

공부그릇 만드는
최적의 도구는 독서다

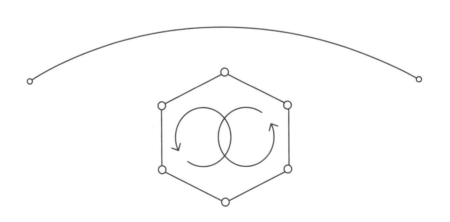

인공지능 시대에 공부그릇을 키운다는 것은 인간의 고유 역량을 개발한다는 의미와 통한다. 이것의 출발점이 어디냐 묻는다면, 나는 독서라고 말할 것이다. 독서를 단순히 공부를 잘하기 위한 수단으로만 여기면 안 된다.

독서머리가
공부 역량을 키운다

공부의 개념이 바뀌고 있다. 이제 지식은 디지털 플랫폼에서 해결하고, 사람은 그 지식을 이용하여 필요한 역량을 키우는 것이 중요해졌다. 자기주도력, 사고력, 협업, 소통 등의 역량을 키우는 것이 진짜 공부인 시대다. 역량을 키우기 위해서는 공부그릇을 제대로 만들어야 한다. 공부그릇이 깊고 커야 변화무쌍한 사회가 요구하는 역량을 수시로 업데이트해가며 살아갈 수 있다. 그렇다면 우리의 인생을 좌우하는 공부그릇은 어떻게 만들 수 있을까?

현대 사회에서 단순 지식과 정보는 누구나 손쉽게 얻을 수 있다. 그러나 지식과 정보를 분석하고 융합해서 현실에 맞게 적용하는 통찰력은 누구나 가질 수 없다. 이것은 지식과 정보를 다양하고 불특정한 상황에 맞게 다룰 수 있는 역량이 있어야 가능하다.

여러분은 '투자의 귀재 워런 버핏과의 점심 식사'를 놓고 2000년부터 경매가 열리고 있다는 것을 들어보았을 것이다. 최고 낙찰가가 약 57억일 정도로 경쟁이 치열했다. 낙찰자는 버핏과 식사하면서 버핏의 다음 투자 대상에 대한 상세한 정보를 제외한 모든 것을 질문할 수 있다. 보통 사람들은 상상도 할 수 없는 일이지만 낙찰자는 잠시라도 버핏이 가진 지혜를 빌려오기 위해 기꺼이 대가를 지급하는 것이다.

하지만 짧은 시간 버핏과 식사한다고 버핏의 돈에 대한 지혜를 얻을 수 있을까? 그것은 잠시 빌려온 것일 뿐, 결코 자신의 지혜가 될 수 없다.

그렇다면 누군가에 의지하지 않고 자기만의 지혜와 명철함을 구할 방법이 있을까? 그것은 바로 책을 읽는 것이다. 오랜 세월 인류의 지식과 지혜가 쌓여 있는 곳이 책이다. 책은 역량과 공부그릇을 만드는 출발점이며 진짜 세상에 나가 자신만의 독창성을 발휘할 재료이다.

세상을 바꾼 창의융합형 인재는 책을 가까이 했다

우리 역사상 가장 존경받는 왕 세종은 지식과 인성, 창의성까지 두루 갖춘 창의융합형 인재였다.

세종은 어린 시절부터 다방면의 책을 읽는 것을 즐겼다. 많은 책을 읽은 세종이지만 경전의 문구나 외워 잘난 척하는 것을 경계했다. 세종은 《논어》, 《맹자》, 《중용》 등의 경서(經書)는 100번씩 읽었고, 그 외 다른 책도 30번씩은 읽었다고 한다. 또한, 읽은 내용을 정리하고 비교하는 일도 빠트리지 않았다고 한다. 이런 노력으로 만들어진 역량이 세종을 융합형 인재로 거듭나게 한 토대가 되었을 것이다.

세종은 이렇게 밤낮을 가리지 않고 책을 가까이할 정도로 학문을 좋아한 군주였기에 우리 역사상 가장 훌륭한 유교 정치와 찬란한 민족 문화를 꽃피웠으며, 후대에 모범이 되는 창의융합형 왕으로 남게 된 것이 아닐까.

프랑스의 영웅 나폴레옹은 전쟁터에 나설 때 대포와 함께 '책 마차'를 가지고 간 것으로 유명하다. 이집트 원정 때는 책 1,000권과 수백 명의 사서(司書)와 고고학자들까지 포함한 원정대를 꾸렸다고 한다. 나폴레옹의 사서는 신간을 늘 준비하는 등 나폴레옹의 독서를 도왔다. 워털루 전투 패배로 외딴 섬 세인트헬레나에서 유배 생활을 할 때에도 그의 서재에는 2,700여 권의 책이 꽂혀 있었다고 한다.

독서로 다져진 나폴레옹의 통솔력은 많은 전투에서 승리하게 하여 그를 프랑스 제1통령과 황제의 자리까지 오르게 했고, 오늘날까지 주목받는 인물이 되게 했다.

마이크로소프트 창업자 빌 게이츠는 "오늘의 나를 만든 것은 하버드 대학이 아니라 동네 도서관이었다"라며 독서의 중요성을 강조했다. 이처럼 세계 역사 속 인물이나 현존하는 인물 중 세상을 바꾸는 리더들은 어려서부터 독서를 통해 다양한 영역을 넘나드는 지식을 쌓았고, 그 지식을 응용하여 남다른 통찰력을 가지고 인류 역사에 의미 있는 발자국을 남겼다.

독서가 바로 그들만의 독창적인 역량을 키워내는 공통 재료였던 것이다.

공부그릇의 출발점, 독서

최근 인공지능의 증권 투자 실력을 테스트했다는 뉴스가 있었다. 수십 년간의 데이터를 기반으로 모의 투자하게 시켰더니 매우 높은 수익을 냈으며, 특히 인간이 감정에 휩쓸려 실수하기 쉬운 위기 상황에서는 인공지능의 모의 투자 수익이 훨씬 더 컸다고 한다.

4차 산업혁명의 주인공인 인공지능은 이처럼 진화의 진화를 거듭하고 있다. 기업은 사람이 했던 일을 로봇으로 대체하여 비용을 줄이거나 때로는 인간과 로봇의 협업으로 일의 능률을 높이고 있다. 이는 점차 인간은 인공지능과 기계가 대신할 수 없는 분야에서 인간 고유의 역량을 살려야 세상에서 차별성과 경쟁력을 가질 수 있음을 알려준다.

어떤 상황을 다각적인 측면에서 판단하는 종합적 사고력, 불특정한 상황에 대한 추론 능력, 상황의 타당성을 판단하는 비판적인 사고력, 어떤 경계도 넘나드는 상상력 같은 능력은 여전히 인공지능이 넘볼 수 없는 영역이다. 이것들은 결국 인간 고유의 역량이기 때문이다.

결국, 인공지능 시대에 공부그릇을 키운다는 것은 인간의 고유역량을 개발한다는 의미와 통한다. 이것의 출발점이 어디냐고 묻는다면, 나는 독서라고 말할 것이다. 독서를 단순히 공부를 잘하기 위한 수단으로만 여기면 안 된다. 공부에 필요한 단편적인 지식과 정보는 인터넷에서도 충분히 얻을 수 있다. 독서는 단순 지식·정보의 습득을 넘어서 문해력과 사고력, 협업, 정서 조절, 자기주도력, 문제를 찾아내거나 해결하는 능력, 표현하고 출력하는 능력 등의 역량을 습득할 수 있는 최적화된 도구다.

책은 활자를 통해 끊임없이 이해와 생각을 요구한다. 독자는 독서를 하며 지식·정보를 습득하고 조합하여 자신만의 관점을 만들어 간다. 또한 다양한 스토리에 몰입하면서 자신을 반추해 보기도 하고 자신이 경험하지 못한 상황 속에서 새로운 아이디어를 찾아내기도 한다.

독서를 통해 키운 이러한 차별성 있는 역량은 학령기에 공부를 주도하는 공부그릇을 형성할 뿐 아니라, 빠르게 변화하는 세상을 바라보는 깊은 통찰력과 자신만의 창의적인 생각을 만드는 바탕이 된다.

독서는 창의융합교육의 공부力이다

단순 암기와 문제풀이 연습으로 갖춘 정형화된 지식은 더는 경쟁력이 아니라는 사실을 이해했을 것이다. 창의융합교육에서 가장 필요한 것은 지식을 연결하고 소통시켜서 창조적으로 재해석하는 힘이다. 아이들이 학령기에 이런 능력을 길러내기 위해서는 어디에 초점을 맞춰야 할까?

최근 한 교육 기관에서 과학·수학·예능 등 다양한 영역에서 영재성을 인정받은 아이들과 명문대 재학생들의 엄마 약 700명을 대상으로 육아 및 교육 비법을 인터뷰했다.

이들은 공통적으로 자녀의 유아기에 "기능적인 학습보다 독서에 더 신경 썼으며, 특히 상상력과 창의성을 기를 수 있는 창작 책을 많이 읽었다. 또 아이들의 독서 습관 형성에 적합한 독서 환경을 만들어주기 위해 노력했고, 아이가 글을 깨우친 후에도 지속해서 책을 읽어줬으며, 책을 읽고 난 후에는 느낌이나 생각을 나누었다"고 밝혔다.

이렇듯 경쟁력을 갖춘 아이들에게는 독서의 중요성을 인지하고 읽기 환경을 만들어주기 위해 노력하는 엄마가 있었다. 이들 엄마는 눈앞의 성적에 치중하기보다는 긴 안목을 가지고 자녀의 공부그릇을 차곡차곡 키운 것이다. 그들은 공부그릇을 만드는 가장 중요한 도구는 책이며, 그것이 진짜 실력으로 가는 사다리임을 알고 있었다.

공부는 무엇을 통해 하는가 생각해 보라. 에듀테크 시대에 다양한 학습 도구들이 만들어지고 사용되고 있지만, 기본 도구는 바로 책이다. 그러므로 독서를 통해 자연스럽게 발달한 어휘력, 이해력, 추론 능력, 사고력, 문제 해결 능력 등의 역량은 공부를 쉽고 재미있게 만들어 줄 수밖에 없다.

에듀테크 시대 창의융합교육은 가만히 듣는 수동적인 교육이 아니다. 자신만의 재료를 가지고 능동적으로 표출해 내는 능동적인 교육이다. 그러므로 독서를 통해 개발한 공부그릇은 교과서를 탐구할 때도, 수업 시간에 자신의 의견을 가지고 토의·토론할 때도, 과정평가에서도 기초 공부력이 되어 남다른 능력을 발휘하게 한다. 반대로 단순 암기와 문제풀이 훈련에 집중하고 독서를 소홀히 한 아이들은 갈수록 공부에 어려움을 호소할 수밖에 없다.

그러나 안타깝게도 어떤 엄마들은 독서와 공부를 분리해서 생각하는 경향이 있다. 공부를 지식이나 정해진 공식을 암기하고 문제를 풀어보는 것, 정답을 빨리 찾는 것으로만 여기는 것이다. 《책 읽는 뇌》의 저자 매리언 울프는 "책을 읽을 때 두뇌의 대뇌피질, 즉 전두엽, 두정엽, 측두엽, 후두엽이 모두 활성화된다"는 것을 오랜 연구 끝에 밝혀냈다. 곧, 독서는 공부할 때 필요한 뇌의 영역을 훈련하고 있는 셈이므로 공부 머리를 키우는 것과 같다. 독서는 단기적인 성적이 아니라 평생 가져갈 공부그릇을 만들어 줄 것이며, 학년이 올라갈수록 더 빛나는 아이로 만들어 줄 것이다.

아이에게 가장 중요한 시기인 초등 6년의 주도권을 가진 부모에게 말하고 싶다. 최소 초등 6년은 점수에 연연하기보다 책 읽기에 몰입할 수 있게 해주자고. 독서는 중·고등학교와 평생의 공부에 기본이 되는 공부 머리를 만들어줄 것이다. 초등 6년은 평생 공부 머리를 만드는 시기다. 10년 책 읽기의 습관으로 100년을 인생의 주인으로 살 수 있다면 시간과 에너지를 투자할 만하지 않을까?

문해력을 키우는
독서법

교육부에서 제시한 지식정보처리 역량이란 '세상에 널려있는 지식과 정보를 자신의 생활과 연결 지어 처리할 수 있는 역량'을 의미한다. 이 역량을 다음처럼 2가지로 나누어 볼 수 있다.

첫째, 세상의 지식과 정보를 읽고 이해하고 분석할 수 있는가.

둘째, 이해한 지식과 정보를 자신의 의식주에 연결하여 아이디어로 만들 수 있는가.

다시 말해 일단 문해력을 갖춰야 그걸 바탕으로 응용으로 나가 지식정보처리 역량을 갖추게 된다는 뜻이다. 결국 지식정보처리 역량은 문해력에서 출발함을 알아야 한다.

문해력은 사고가 자라면서 장기적인 읽기 훈련으로 발달되는 능력으로, 하루아침에 생기는 능력이 아니다. 텍스트를 만나고 읽으면서 시작되며, 발달 단계에 맞는 적절한 양과 질의 텍스트의 공급이 필요하다. 평생 발달되는 역량이고 사회에 나가 어떤 직업을 갖느냐에 따라 더 세분화되는 역량이다.

문해력이 성장하도록 읽어라

초등학교 2학년 슬기는 오늘도 책을 쌓아놓고 열심히 읽고 있다. 곧 아빠가 퇴근할 시간이다. 오늘도 아빠는 슬기가 책을 읽는 모습을 보고 매우 기뻐하며 칭찬을 아끼지 않을 것이다. 아빠는 이런 슬기가 대견하다며 가끔 용돈도 준다.

그런데 슬기는 산더미처럼 쌓아놓고 읽는 책을 제대로 이해하며 읽고 있을까? 실제로 슬기는 읽은 내용의 20% 정도만 이해하고 있었다. 그런데도 슬기가 책을 읽는 이유는 단지 부모의 기대에 어긋나지 않기 위해서였다. 이는 책을 읽는 행동에 초점을 둔 부모의 태도에서 비롯된 결과다.

이런 아이가 우리 주위에 의외로 많다. 엄마가 읽으라고 성화를 하니까 억지로 읽는 아이들, 어른의 잘못된 칭찬으로 읽는 척하고 있는 아이들, 독후감 쓰기 숙제 때문에 건성건성 읽는 아이들 등 내적 동기 없이 외적 동기로만 읽는 아이들은 가짜 독서가이다.

독서는 책을 읽는 행위에서 출발한다. 그러나 읽는 행위 자체가 목적은 아니다. 무엇보다 책 읽기가 즐거워야 하며, 그래야 책을 읽는 과정에서 자연스럽게 어휘력, 이해력, 사고력, 몰입 능력, 문제해결 능력 등이 개발된다.

그러나 외부 요인 때문에 책을 읽는 가짜 독서가는 기능적으로 글자만 읽고 있는 경우가 많다. 이러면 책을 읽고 있으나 독서의 진짜 효과는 볼 수 없다. 책을 읽어도 내용 파악이 안 되고, 읽기 쉬운 책만 골라 읽고, 특별히 좋아하는 책도 없고, 읽은 내용을 기억하지도 못한다. 이런 아이들은 책을 읽지만 문해력이 자랄 수 없고, 또한 공부그릇으로 연결이 안 된다.

그렇다면 진짜 독서가는 어떨까?

우선 진짜 독서가가 책을 읽는 이유는 '재미와 즐거움'이다. 진짜 독서가는 읽을 때 생기는 재미와 즐거움을 알고 있다. 새로운 세계를 알아가는 재미, 몰랐던 사실을 깨닫는 즐거움, 알고 있는 사실의 확인이나 확장 등과 같이 독서의 진정한 의미를 알기 때문에 책을 읽는다.

진짜 독서가는 자신이 좋아하는 책이 뚜렷하고, 이미 읽었던 책을 다시 읽거나, 다양한 분야의 책을 두루 읽으며 독서 단계를 스스로 높여 간다. 때로는 읽은 책에 대한 감동이 자연스럽게 흘러나와 부모, 친구 등과 대화하며 여러 방법으로 표현해 보기도 한다. 독후감 숙제나 엄마의 확인 때문에 책을 읽는 가짜 독서가와는 차원이 다른 독서라 볼 수 있다. 따라서 문해력도 당연히 일취월장한다.

독서가 공부에 도움이 되고, 더 나아가 인생의 나침반과 같은 중요한 역할을 하는 것은 맞다. 그러나 이런 독서의 순기능은 책을 읽는 행위 자체에서 생기는 것이 아니다. 읽는 과정에서 아이가 스스로 찾고 만들어가야 한다.

부모의 조급한 마음이 오히려 아이를 책에서 멀어지게 만들곤 한다. 그리고 때로는 가짜 독서가를 만들기도 한다. 독서는 지극히 자율적인 행동이다. 그러므로 독서는 자기주도 학습의 습관을 기르는 도구이기도 하다. 부모는 아이가 책을 스스로 꺼내 들 수 있도록 환경과 분위기를 조성해줘야지 책 읽기를 강요하거나 다그쳐서는 안 된다. 부모는 책의 달콤함과 즐거움을 지속해서 느끼도록 유도하는 조력자의 역할만 하면 된다. 그래야 아이의 문해력이 차곡차곡 쌓여 공부그릇이 생기고 커질 수 있다.

문해력의 4단계

모티머 J. 애들러는 《독서의 기술》에서 독서의 단계를 4단계로 분류했다.

읽기와 쓰기를 습득하여 문장을 읽고 해석할 수 있는 1단계 '초급 독서', 주어진 시간 안에 책의 요지를 파악하며 읽거나 골라 읽는 2단계 '점검 독서', 책의 내용이 독서가에게 피가 되고 살이 될 때까지 철저히 읽는 3단계 '분석 독서', 하나의 주제에 대해 몇 권의 책을 관련지어서 읽는 4단계 '신토피칼 독서'다. 독서의 4단계는 단계별로 영향을 주고받으며, 제대로 된 독서가는 단계별로 읽기 수준을 스스로 높여간다.

애들러는 초급 독서를 다시 4단계로 나누었다.

1단계는 읽기 습득을 위한 준비 단계, 2단계는 간단한 책을 혼자 읽는 단계, 3단계는 스스로 책을 읽는 즐거움을 알고, 독서가 호기심을 만족하게 해주고 자신의 세계를 넓혀주는 것임을 알아채는 단계, 4단계는 3단계까지 습득한 독서 기술을 더욱 연마하여 독서 체험을 자기 것으로 만드는 단계다. 특히, 4단계에서는 하나의 책에서 얻은 개념을 소화하고 다음 책을 읽거나, 초보적이나마 하나의 주제에 대하여 몇 사람의 저자가 말하고 있는 것을 비교할 수 있게 된다고 했다. 이것이 바로 창의융합인재의 기본요소인 지식의 연결성의 출발점이다.

보통 초등 6년 동안 초급 독서의 4단계까지 완성해야 점차 독서 수준이 올라갈 수 있으며, 공부그릇이 커지게 된다. 하지만 대부분의 아이는 2단계에서 머물고, 3단계, 4단계로 나아가지 못한다. 많은 사람이 운동의 중요성을 알고 운동을 시작하지만, 효과를 볼 때까지 지속하는 경우는 드물다. 자신의 몸이 근육으로 채워지길 원하지만, 힘들어서 또는 이만하면 됐지 싶어 근육이 생기기 직전까지만 운동한다.

이런 문제가 독서에서도 나타난다. 가정과 학교에서 독서를 끊임없이 강조하고 있으나 독서 근육을 만들어 공부그릇으로까지 성장하는 아이는 드물다. 독서 근육이 생기기 직전까지만 읽기 때문이다. 문해력을 키우는 독서 근육은 절대 하루아침에 생기지 않는다.

그렇다면 독서 근육은 어떻게 키울 수 있을까?

비결은 간단하다. 매일 꾸준히 읽으면 된다. 독서 근육을 만들려면 꾸준히 읽는 습관을 만들어야 한다. 외적 동기로 필요에 따라 하는 독서로는 독서 습관이 생기기 어렵다. 독서 수준도 초급독서의 2단계 수준에 머물기 쉽다. 읽기 수준이 정체되면 책 읽기의 재미를 느낄 수 없어 책 읽기가 지루할 수밖에 없다. 결국, 공부그릇으로 가는 준비 운동만 실컷 하고 본 게임엔 발을 들이지도 못하는 셈이다. 근육이 생기지 않는 무늬만 독서는 공부에도, 역량을 만드는 것에도 좋은 영향을 미칠 수 없다.

모든 교과목의 출발은 문해력

다음은 초등학교 5학년 1학기 수학 교과서에 등장하는 내용이다. 제시된 지문을 이해하고 문제 해결을 위해 필요한 것은 무엇일까?

<잘 어울리는 음>

"띵! 땅! 띵! 땅!"
대장간 앞을 지나던 피타고라스는 오늘따라 대장간의 망치 소리가 아름답게 느껴졌습니다.
'며칠 전에는 망치 소리가 시끄럽게 느껴지더니….'
궁금해진 피타고라스는 소리에 대해 연구하기 시작했습니다.
소리는 공기가 진동하면서 납니다. 각 음에는 고유한 진동수가 있습니다.
피타고라스는 두 음의 진동수를 분수로 만들어 기약분수로 나타내었을 때, 분모와 분자가 모두 7보다 작으면 두 음이 잘 어울려서 아름답게 들리고, 그렇지 않으면 잘 어울리지 않는다고 생각했습니다.

피타고라스의 생각을 발전시켜 후세 사람들은 다음과 같은 순정률을 만들었습니다.

음	도	레	미	파	솔	라	시
진동수	264	297	330	352	396	440	495

순정률에 따라 '도'와 '미'의 진동수로 분수를 만들면 264/330 입니다. 이것을 기약분수로 나타내면 4/5입니다. 분모와 분자가 모두 7보다 작습니다. '도'와 '레'의 진동수로 분수를 만들면 264/297인데 약분하면 8/9이 되어 분모와 분자가 모두 7보다 큽니다. '도'와 '레'는 잘 어울리지 않는 음인가 봅니다. 그러나 다른 화음을 돋보이게 하려면 이런 화음도 가끔 필요할 때가 있습니다.

악보를 보고 화음을 만들어 이중창으로 노래를 불러 볼까요?

이 문제는 수학과 과학, 음악이 융합된 문제다. 단순히 노래를 부르는 것에 그치는 문제가 아니다. 순정률과 화음의 관계를 해석할 수 있어야 하고, 그것을 표현하는 분수, 약분, 기약분수를 이해해야 한다. 그 다음은 이런 지식을 바탕으로 어울리는 화음을 만들어서 노래를 불러야 한다. 수학 교과서에 실린 수학 문제지만, 창의융합 사고력을 바탕으로 한 읽기 능력과 창의적인 문제해결 능력, 여기에 예술적 감각까지 필요하다.

이 문제에서 아이들이 가장 어려워하는 부분은 무엇일까?

바로 지문의 내용을 파악하는 것이다. 문제가 요구하는 것이 무엇인지 정확히 인지해야 한다. 문제해결의 일차적인 열쇠인 문해력이 없다면 문제해결은 불가능하다고 볼 수 있다. 이처럼 학년이 올라갈수록 과목과 상관없이 문해력과 공부는 밀접한 관계를 갖는다.

독서로 공부그릇을 키운 아이들은 이런 문제에 당황하지 않는다. 문제를 읽으며 내용을 정확하게 이해하고, 문제를 해결하기 위한 생각으로 나아간다. 이러한 과정에서 자연스럽게 자신만의 아이디어가 떠오른다. 그러나 읽어도 내용 파악이 안 되는 아이는 피하고 싶은 생각만 들 것이다. 공부는 결코 넘을 수 없는 벽이 되고 만다.

문해력의 성장은 공부의 달인을 만든다

독서 습관으로 공부그릇을 갖춘 아이들은 이 같은 문제가 낯설지 않다. 습관 하면 생각나는 TV 프로그램이 있다. '생활의 달인'이라는 프로그램이다. 이 프로에는 각종 분야의 달인이 등장하는데, 볼 때마다 신기해서 눈을 뗄 수가 없다. 이들 달인들은 한결같이 같은 일을 20년, 30년 이상 매일 했다고 답했다. 달인이 된 비결은 한 가지 일을 꾸준히 함으로써 만들어진 습관이었다.

습관은 제2의 천성이라고 했다. 몸에 습관이 밴 일은 하루라도 그 행동을 안 할 수가 없고, 그러다 보니 천성처럼 수월하고 능통하게 된다. 독서도 마찬가지다. "하루라도 책을 읽지 않으면 입에 가시가 돋는다."고 했던 안중근 의사의 말처럼 독서가 습관이 되면 매일 읽는 일이 당연해지고 수월해져서 문해력 수준이 점차 올라갈 수밖에 없다.

매일 책을 읽다 보면 어느 날 문득 안 읽으면 허전하다는 느낌을 받게 되는데, 이것이 곧 독서 습관이 생겼다는 징조다. 이것은 무엇과도 바꿀 수 없는 습관이다. 이 습관은 아이를 수준 높은 독서가로 만들어줄 것이다. 이들이 수준 높은 문해력, 남다른 문제 해결력을 갖추는 것은 당연하다.

아이를 외부 요인으로 마지못해 읽는 가짜 독서가가 아닌, 읽기를 즐기는 진짜 독서가로 만들자. 그리고 독서의 달인이 될 수 있도록 습관처럼 읽는 아이로 만들자. 독서의 달인이 되면 곧 공부의 달인이 되는 건 당연한 이치다. 더 나아가 독서는 인공지능 시대가 요구하는 역량을 키우는 최적의 도구다.

지식을 응용하는
독서법

인공지능 시대에 단순 지식을 많이 알고 있다는 것은 경쟁력이 아니다. 지식을 어떻게 실제적이고 창의적인 아이디어로 실용화하느냐가 공부요, 경쟁력이다. 그렇다면 공부 역량을 키우는 독서의 방향도 이에 맞게 진화돼야 한다.

책은 본질적으로 지식을 응용하여 나온 결과물이다. 지식과 정보를 재료 삼아 연결하고 재창조한 독창적인 요리인 셈이다. 따라서 책을 읽는다는 것은 지식과 정보라는 재료의 쓰임새를 발견하는 것이고, 그 진행 과정을 읽는 것이고, 그 결과 독자는 책이라는 훌륭한 요리를 먹으며 음미하고 느끼게 된다.

특히 에듀테크 시대의 독서는 이래야 한다. 책의 결과에만 관심을 갖는 단순 읽기는 에듀테크 시대가 요구하는 역량을 키우는 독서와 거리가 멀다.

따라서 단순 지식을 쌓기 위한 읽기나, 책의 내용을 단순하게 수용하는 소극적 읽기에 머물러서는 안 된다. 사실적 지식이 책에서 어떤 과정을 거쳐 어떻게 사용되고 있는지, 그래서 결국 무엇을 만드는지를 보아야 한다. 나는 작가의 생각과 무엇이 같고 무엇이 다른지, 나라면 어떻게 결말을 지을지 등처럼 적극적이고 창조적으로 읽어야 한다.

에듀테크 시대의 배경지식이란

아이가 예비 초등기로 진입하면 엄마는 마음이 바빠진다. 자녀가 공부 경쟁에서 밀리지 않아야 한다는 생각에 수학, 과학, 사회 등 관련 배경지식을 쌓게 하려고 노력한다. 배경지식은 수업 시간에 몰입할 수 있도록 도와주고, 이해력과 사고력을 촉진해 공부에 자신감을 느끼게 해준다.

그렇다면 디지털 교과서와 함께 공부하는 에듀테크 시대의 공부에 필요한 배경지식은 과연 무엇일까? 여전히 과거의 주입식 교육에 필요했던 배경지식이 필요할까?

우리 지역의 지명과 전해오는 이야기를 조사하여 조사 결과 보고
서를 만들고, 다양한 방법으로 발표하여 봅시다.

조사를 마친 정후와 친구들은 조사한 내용을 정리하여 보고서를 만들었습
니다.

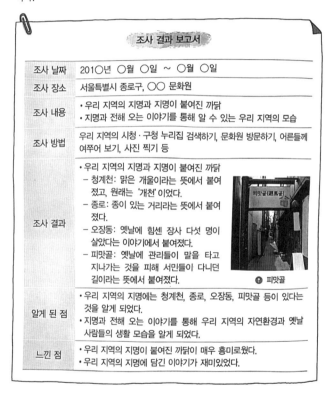

조사 결과 보고서	
조사 날짜	201○년 ○월 ○일 ~ ○월 ○일
조사 장소	서울특별시 종로구, ○○ 문화원
조사 내용	• 우리 지역의 지명과 지명이 붙여진 까닭 • 지명과 전해 오는 이야기를 통해 알 수 있는 우리 지역의 모습
조사 방법	우리 지역의 시청·구청 누리집 검색하기, 문화원 방문하기, 어른들께 여쭈어 보기, 사진 찍기 등
조사 결과	• 우리 지역의 지명과 지명이 붙여진 까닭 – 청계천: 맑은 개울이라는 뜻에서 붙여 졌고, 원래는 '개천' 이었다. – 종로: 종이 있는 거리라는 뜻에서 붙여 졌다. – 오장동: 옛날에 힘센 장사 다섯 명이 살았다는 이야기에서 붙여졌다. – 피맛골: 옛날에 관리들이 말을 타고 지나가는 것을 피해 서민들이 다니던 길이라는 뜻에서 붙여졌다.　❶ 피맛골
알게 된 점	• 우리 지역의 지명에는 청계천, 종로, 오장동, 피맛골 등이 있다는 것을 알게 되었다. • 지명과 전해 오는 이야기를 통해 우리 지역의 자연환경과 옛날 사람들의 생활 모습을 알게 되었다.
느낀 점	• 우리 지역의 지명이 붙여진 까닭이 매우 흥미로웠다. • 우리 지역의 지명에 담긴 이야기가 재미있었다.

 우리 지역의 지명과 전해 오는 이야기를 조사하여 조사 결과 보고서를 만들고,
다양한 방법으로 발표하여 봅시다.

초등학교 3학년 사회 교과에 등장하는 내용이다.

과거의 교과서라면 설명글을 통해 지역에 대하여 또는 지역의 전해오는 이야기에 대하여 장황하게 풀어줬을 것이고, 교사는 그 특징을 가르치기에 바빴을 것이다.

그러나 이제는 어떤 사실 지식이라도 학생들 곁에 놓여있는 디지털 교과서나 인터넷에서 수월하게 해결된다. 따라서 최근의 개정 교과서는 '학생 스스로 조사하고 탐구하여 조사 보고서를 만들어 발표하는 것'이 학습 목표다.

이때 어떤 배경지식을 가진 아이들이 이 수업을 즐길 수 있을까? 이런 프로젝트형 수업은 단순 지식보다 지식을 처리할 수 있는 역량이 필요하다. 따라서 지식이 실용화된 사례가 담긴 스토리텔링을 다양하게 접하면서 간접 경험을 풍부하게 해야 이런 수업에 적극적인 태도를 가질 수 있다.

우리 문화에 대하여 편견을 갖고 차별하는 경우도 있습니다.
우리 문화에 대한 친구들의 생각에는 어떤 문제가 있을까요?
우리 생활 속에 있는 문화적 편견과 차별의 문제를 해결하려면 어떻게 해야 할까요? (초등학교 3학년 사회교과 중에서)

많은 아이들이 사회 과목을 왜 어려워할까? 문화, 편견, 차별 등의 용어는 알고 있으나, 이런 문제에 대해 구체적으로 생각해 본 적이 없기 때문이다. 지식을 외워서 정답을 잘 찾을 수는 있지만, 정답이 없는 문제에 대한 문제해결력은 없기 때문이다.

종이책 교과서는 불친절한 책

교과서는 이제 디지털형과 종이형으로 구분된다. 무엇이 더 효과적이고 중요한가가 아니라, 둘을 어떻게 상호보완적으로 활용하여 개인의 역량을 갖추어 나갈 것인지가 중요해졌다.

나날이 기하급수적으로 늘어나고 있는 지식정보로 인하여 수시로 업데이트가 가능한 디지털 교과서를 활용할 수밖에 없는 상황이 됐으며, 이로 인하여 종이책 교과서는 매우 불친절한 교과서가 되었다. 왜냐하면, 종이책 교과서는 수시로 업데이트가 불가능하며, 담을 수 있는 정보의 양도 한정되기 때문이다.

따라서 종이책 교과서는 상세히 풀어주기보다는 매우 축약된 함축단어로 이루어져 있다. 지면이 제한되어 있어 충분한 설명 없이 핵심 내용 위주로 서술할 수밖에 없다.

그러므로 배경지식이나 어휘 수준이 약한 아이들은 교과서를 만나면 당황스럽고, 어렵다고 호소한다. 이제 교과서만 가지고 공부하는 시대는 저물어가고 있다.

따라서 교과서를 제대로 읽어내기 위해서는 적절한 연계독서가 필요하다. 교과서를 들여다보면 한 단원의 학습 목표와 그에 따른 핵심 키워드가 있는데, 그것을 기반으로 연계된 융합 독서를 하고, 또 실용적인 사례 중심의 스토리텔링을 다양하게 접하도록 도와줘야 한다.

"제발, 아이들이 독서 좀 하고 왔으면 해요."

강의장에서 만난 한 현직 교사가 이런 호소를 해왔다. 교육열이 높은 우리나라에서 아이들의 어휘력이나 배경지식의 부재로 수업

의 흐름이 원활하지 않다는 얘기를 들으니 아이러니하다는 생각
이 들었다.

반복 독서와 훑어 읽기를 요구하는 에듀테크 시대

우리가 책을 읽는 목적 중 하나는 다양한 지식과 정보를 습득하
기 위해서다. 그런데 디지털 사회에서의 독서는 단순 지식 위주의
표면적인 독서를 넘어 더 깊은 분석적인 독서로 가야 한다. 분석
독서는 논리와 분석, 추론과 창의를 길러내는 독서이고, 이것이
바로 최근 학교에서 반복 독서를 강조하고 있는 이유다.

반복 독서를 강조하는 이유는, 제대로 읽고 깊게 읽어 자신의
것으로 재창조하라는 것이다. 읽은 것을 자신의 것으로 만들기 위
해서는 글의 내용을 이해하고 핵심을 파악하려는 적극적인 노력
이 필요하다.

《독서의 기술》의 저자 애들러는 "달콤하게 재미로 읽는 책도 있
지만 씹고 삼켜서 철저히 소화해야 하는 책도 있다"고 했다. 지식
과 정보를 어떻게 처리하는지를 습득하고 생각을 확장하기 위해
읽는 책들, 곧 공부를 위해 읽는 책들이 바로 씹고 삼켜서 철저히
소화하는 분석 독서가 필요한 책이다. 분석 독서가 필요한 책은

한 번 읽기로는 전체를 소화하기 어렵다. 그러므로 분석 독서는 곧 반복 독서라 할 수 있다.

《7번 읽기 공부법》의 저자 야마구치 마유는 통독과 반복 독서가 자신의 성공 비결이라고 밝혔다. 평범한 학생이었던 마유는 도쿄대 4년 내내 전 과목 최우수 성적을 받고 수석으로 졸업했다. 재학 중에 사법고시와 공무원 1급 시험에 합격했는데, 학원 수강을 하지 않고 오로지 독학으로 합격했다. 마유는 그 비결을 '7번 읽기'라고 밝혔다. 7번 읽기로 책의 전체 내용을 복사하듯이 습득했으며, 과목에 따라서는 8번, 9번, 10번 이상씩 읽어 책의 내용을 완벽하게 소화했다고 한다.

분석 독서는 글의 내용을 암기하는 독서가 아니다. 깊은 이해와 글의 이면까지 생각하며 사고를 숙성시키는 독서다. 요즘 아이들은 책을 한두 번 읽으면 더 이상 읽을 필요가 없다고 생각하는 경향이 있다. 그렇지만 분석 독서는 한두 번 읽기로 가능하지 않다.

최근 학교에서 강조하는 독서는 반복 독서와 더불어 훑어 읽기이다. 사실 이 둘은 상반된 독서법이다. 앞에서 말한 바와 같이 반복 독서는 반복하여 읽으며 깊게 들어가는 독서지만, 훑어 읽기는 가볍게 훑어보며 전체를 파악하는 독서법이다.

훑어 읽기는 무엇에 관한 책인가, 어떻게 구성되어 있는가, 대략의 내용은 무엇인가, 나에게 필요한 대목은 어디인가 등을 파악해가며 짧은 시간에 훑어보는 방법을 말한다.

이와 비슷한 읽기가 발췌독이다. 발췌독은 제목, 차례 및 주요 문구를 보고 필요한 부분을 골라 읽는 방법이다. 훑어 읽기나 발췌독은 빠르게 돌아가는 현대 사회에서 꼭 필요한 유용한 독서법이며, 방대한 지식 체계로 이루어진 이 세상에서 자신에게 적합한 정보를 재빨리 찾아낼 수 있는 독서법이다. 이런 방식의 독서 역시 반복 독서나 분석 독서만큼 중요한 독서의 기술이다.

어떤 부모는 독서란 정자세로 앉아 꼼꼼히 처음부터 끝까지 빠짐없이 읽어야 한다는 고정관념을 갖고 있다. 그래서 훑어 읽기나 발췌독을 잘못된 독서법이라 생각한다.

그러나 지식정보가 매일 폭발적으로 증가하고 있는 시대에 모든 책을 꼼꼼히 분석하며 읽을 수는 없는 노릇이다. 상황에 따라, 책이나 매체에 따라, 또 글의 양이나 수준에 따라 다양한 독서 기술을 유연하게 발휘해야 한다. 이것이 책을 즐기며 동시에 역량을 키워나가는 방법이다.

창의융합 사고력을
키우는 독서법

지식을 융합하고 재창조하는 역량은 더 이상 특별한 역량이 아니다. 이 시대를 살아가는 사람들 누구에게나 필요한 역량이 되고 있다. 창의융합 사고력은 '다양한 사물이나 현상을 연결시키고 융합해서 나만의 관점으로 사고하는 역량'을 뜻한다.

'물'에 대해 배운다고 가정해 보자. 예전의 과목별 접근은 매우 제한적이고 닫힌 사고를 하게 했다. 과학 시간에는 과학적인 접근만 허용하고, 사회 시간에는 사회적인 접근만 허용하여, 이 두 과목을 연결짓는 것은 불가능했다.

반면 오늘날의 창의융합교육에서는 사고의 경계를 허물고 다양한 과목을 연결한다. 이를테면 물의 역사, 물과 환경오염, 물과 소리, 물과 관련된 전쟁, 물과 수학, 물과 음악 등등으로 생각을 확장하여 지식을 연결하고 재구성한다. 이 같은 지식의 융합은 '물'에 대한 협소한 사고에서 벗어나 발상의 전환이 일어나게 한다. 이렇게 연결하고 응용한 결과물이 바로 자신만의 독창적인 아이디어다.

창의적인 인재란 융합 사고력을 기반으로 발상의 전환이 가능한 사람을 말한다. 독창성이 경쟁력인 세상에서 지식을 융합할 수 있는 창의융합 사고력을 계발하는 훈련은 갈수록 강조되고 있다.

지식을 연결하는 창의융합 사고력

다음은 몇 년 전 수학 교과서를 스토리텔링 수학으로 전환하며 교육부에서 제시한 창의융합형 문항의 예시자료이다. 이 문제를 바탕으로 지식이 어떻게 연결되는지 살펴보자.

문제) 조선시대 화가 김홍도가 그린 〈씨름〉이라는 그림 속에 숨어 있는 수학을 찾아 말해보시오.

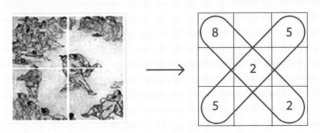

이 문제는 수학과 미술 어느 한쪽에 속하지 않는다. 미술 작품 속에 숨어있는 수학적 원리를 찾을 수 있어야 풀 수 있는 문제다. 따라서 다양한 지식을 융합해야 한다. 평소 그림을 접할 때 화가의 이름이나 작품 제목을 암기하는 방식으로 공부했다면 이런 문제가 무척 당황스러울 수밖에 없다.

이 문제를 풀려면 그림을 전체적으로 바라보는 시각, 다양한 각도로 바라보는 입체적 시각, 세심한 관찰력 등이 필요하다. 그리고 작품을 그린 화가의 의도를 읽을 줄 알아야 한다.

김홍도의 〈씨름〉은 안정적인 원 구도와 여백의 미를 살린 작품으로 유명하다. 화가는 그림에 마방진의 원리를 이용하여 안정감 있는 구도를 잡았다. 마방진은 정사각형에 1부터 차례로 숫자를 적어 가로와 세로, 대각선의 합이 같도록 배열하는 것을 말한다. 창의적이고 상상력이 풍부한 예술 작품도 화가의 철저한 계산으로 탄생한다는 사실을 알 수 있다.

제시된 문제를 독창적으로 해결하기 위해서는 평소에 다양한 관점으로 사물이나 현상을 바라볼 수 있는 창의융합 사고력이 갖춰져 있어야 한다. 창의융합 사고력을 갖추기 위해서는 평소 지식을 접할 때 여러 영역으로 확장해서 사고하는 습관을 길러야 한다.

독서를 통한 창의융합 사고력 훈련을 위해서는 주제에 따른 다양한 영역을 골고루 연결해 읽는 주제별 독서가 효과적이다. 주제별 독서는 지식을 그물망처럼 연결하는 습관과 열린 사고방식을 만들어 준다. 《독서의기술》의 저자 모티머 J. 애들러는 이런 독서법으로 신토피칼(syntopical reading) 독서법을 소개한다. 신토피칼 독서법은 하나의 주제에 대하여 다방면의 책을 읽고 비교하고 대조하며 깊게 읽는 독서법이다. 이런 독서를 통해 훈련된 사고가 입체적인 사고력이 되고 창의융합 사고력으로 발전된다.

교과서를 확장시키는 주제별 독서

창의융합 사고력은 융합 교육에서 가장 중요한 역량으로, 특히 가정의 역할이 꼭 필요하다. 일상에서의 사고방식이 공부의 사고방식으로 자연스럽게 연결되기 때문이다. 가정은 창의융합 사고력을 키우는 첫 번째 연습의 장소가 되는 셈이다.

그런데 문제는 부모가 창의융합 교육을 받은 세대가 아니라는 점이다. 엄마는 창의융합 교육, 창의융합 사고력이 중요하다는 건 알고 있지만, 경험이 없다 보니 아이들을 어떻게 도와줘야 할지 모른다.

하지만 방법은 생각보다 가까이에 있다. 공부의 가장 기본적인 도구인 교과서에서 방법을 찾을 수 있다.

교육부는 7차 개정교육인 2009 개정교육과정에서 시작하여 현재까지 저학년은 주제별 교과서로, 중학년과 고학년은 과목을 주제화한 융합 과목으로 교과서를 개정하였다. 교과서는 우리나라 최고의 전문가들이 아이의 연령별 발달 단계를 고려하여 만든 우수한 교재다. 교과서에서 다루는 주제와 차례를 바탕으로 지식을 연결하고 확장해서 책을 읽으면 일거양득의 효과가 있다.

첫째는 주제별 배경지식이 확장되며 창의융합 사고력이 형성된다. 둘째는 교과서가 기본이 되는 주제별 독서이므로 자연스럽게 교과서가 친숙해지고 공부가 재미있어진다.

저학년 교과서 주제 중 하나인 '가을'을 이용한 주제별 독서를 알아보자.

우선 '가을' 교과서의 차례를 보고 '가을'을 주제로 한 도서목록을 만들 수 있다. 가을 행사, 낙엽, 응원, 운동회, 가을 열매, 수확, 가을 풍경 등 교과서 차례에 나온 제목을 키워드로 인터넷 검색을 해서 해당 학년에 알맞은 도서를 찾아내면 된다. 이때 수학, 과학, 사회, 역사, 예술 분야 등 여러 영역과 문학·비문학 장르도 다양하게 선택하도록 한다.

가을과 관련된 다양한 영역의 책을 읽은 후에는 마인드맵으로 배경지식을 연결하고 확장해 본다. 이 과정에서 가을에 대해 여러 관점이 생기고 자신만의 개념을 만들 수 있다.

어떤 사물이나 현상에 대해 고정적인 생각에서 벗어나 자신의 배경지식을 연결하고 조합해서 다른 관점으로 재해석해 보는 것은 지식의 재생산이라고 할 수 있다. 하나의 주제에 대하여 다양한 방식으로 확장하는 연습은 결국 창의적인 지식으로 새롭게 해석하기 위한 연습이다.

부모가 초등학교 3~4학년 정도까지 교과서를 바탕으로 주제별 독서를 할 수 있도록 습관을 만들어주면, 이후부터는 스스로 주제에 따라 주제별 독서를 할 수 있는 안목이 생겨 공부의 자율성과 자신감이 생긴다.

이런 주제별 독서는 문해력과 창의융합 사고력을 형성하여 다른 공부그릇 요소에도 영향을 미친다.

한 가지 주제를 가지고 가지를 연결하여 확장하는 독서는 깊은 생각과 열린 생각을 촉진한다. 주제에 대한 몰입은 더 강해지며, 자신만의 특색 있는 분야를 발견할 수도 있다. 또, 문제를 파악하고 해결하는 힘이 확장되고 남달라져서 문제해결력이 탁월해지고, 결국 자신을 적극적으로 표현하는 표출 능력으로 발전한다.

이처럼 주제별 연결 독서는 인공지능 시대가 요구하는 연결과 융합을 통해 재창조하는 역량을 발달시킨다.

차별성을 키우는 주제별 독서

창의융합 사고력을 키우는 주제별 독서의 다른 한 가지 방법은 아이의 강점을 활용하는 것이다.

사람은 누구나 자신만의 강점이 있다. 다만 그것을 발견하지 못하거나 발견해도 개발하지 못할 뿐이다. 이왕이면 어릴 때 자신의 강점을 찾아 개발하는 것이 좋다. 물론 아이 스스로 자신의 강점을 찾기는 쉽지 않다. 부모가 아이의 강점을 찾아주는 관찰자가 돼야 한다.

독서는 아이의 강점을 찾는 도구가 될 수 있다. 책을 읽다 보면 자신이 좋아하는 분야에 더 흥미를 느끼고 집중하게 된다. 아이가 유독 어떤 한 분야의 책을 선호한다면 그것이 아이의 기질에 잘 맞는 분야일 가능성이 높다. 지속해서 아이를 유심히 관찰해 볼 필요가 있다.

이처럼 아이가 흥미를 갖는 분야가 생길 때 주제별 독서를 할 기회이다. 흥미 있는 것에는 자연스럽게 다양한 관심이 생기므로, 이때 주제별 융합 독서로 호기심을 채워주며 관심 분야를 넓혀준다.

예를 들어 아이가 자동차에 관심을 보인다면, 자동차와 관련된 인물, 역사, 과학, 수학, 디자인, 인공지능 등 다양한 영역으로 연결하고 확장하면 된다. 책의 영역과 장르는 다르지만, 자동차라는 주제로 초점을 맞추는 것이다.

이처럼 관심 분야를 대상으로 주제별 독서를 하면 아이가 독서에 흥미를 느낌과 동시에 강점이 강화된다. 게다가 자신이 좋아하는 분야이기 때문에 적은 수고와 노력으로도 큰 효과를 볼 수 있다.

지금은 그 어느 때보다 차별성을 요구하는 사회다. 기계와의 차별성, 옆에 있는 친구와 나와의 차별성 등 나만의 독창적인 차별성 없이 경쟁력을 가질 수 없는 세상이다.

주제별 독서는 창의융합 교육의 기초가 되는 창의융합적 사고방식을 키워주는 독서법이다. 창의융합 사고력은 점점 더 진화하는 세상을 다양한 관점으로 볼 수 있도록 안목을 넓혀줄 것이다.

이런 능력은 저절로 키워지는 것이 아니다. 또, 암기와 문제풀이 연습으로 키울 수 있는 것도 아니다. 아이와 함께 책을 읽는 엄마, 아이를 유심히 관찰하며 강점을 찾아내는 엄마가 아이를 창의융합 사고력을 갖춘 유니크한 인재로 길러낼 수 있다.

자기주도 학습을
키우는 독서법

도로시 머틀러의 《쿠슐라와 그림책 이야기》는 아이에게 어렸을 때부터 읽어주는 책의 힘이 얼마나 큰지 실례를 보어준다.

쿠슐라의 부모는 쿠슐라에게 생후 4개월 때부터 그림책을 매일 읽어주기 시작했다. 9개월이 되자 아이는 책을 구별하고 좋아하는 책을 스스로 선택하였고, 6살이 되자 혼자 글을 뗐다. 그런데 놀라운 사실은 쿠슐라가 태어날 때부터 염색체 손상으로 심한 지적, 신체적 장애를 안고 있었다는 것이다.

쿠슐라는 4살이 되었을 때 의사로부터 지적장애 및 신체장애 판정을 받았고, 전문기관에 보내라는 권유까지 받았다. 그러나 쿠슐라의 부모는 의사의 말보다 쿠슐라가 아기 때부터 책에 보인 반응을 믿었고, 아이를 기관에 보내지 않고 집에서 매일 책을 읽어주었다. 마침내 쿠슐라가 6살이 되었을 때 심리학자들은 쿠슐라가 평균 이상의 지능을 가졌고, 사회 적응력도 충분하다는 판정을 내렸다.

신체뿐 아니라 지적장애까지 있었던 쿠슐라가 책과 함께 성장하며, 결국에는 정상아 진단을 받은 이야기는 우리에게 시사하는 바가 크다. 쿠슐라와 그녀의 부모는 '책'이라는 매개체가 아이에게 주는 영향력이 우리가 생각하는 것보다 훨씬 위대하다는 것을 세상에 보여주었다.

공부의 씨앗을 심는 엄마

어렸을 때 부모가 아이에게 읽어주는 책은 공부의 씨앗이 되어 학령기에 지대한 영향을 끼친다. 아이에게 책을 읽어줄 때 자연스럽게 생긴 공부의 씨앗이란 무엇일까?

공부는 읽고 이해하고 사고하는 두뇌 활동이다. 그러므로 결국 독서와 공부는 동일한 활동이라고 볼 수 있다. 따라서 어릴 때부터 책을 읽어주는 엄마는 아이에게 공부의 씨앗을 심어주는 것이나 다름없다. 게다가 엄마와 아이 둘 다 공부라는 개념 없이 자연스럽게 공부의 씨앗을 심고 있으니 일거양득인 셈이다.

어릴 때 엄마가 책을 읽어주는 것을 아이는 독서 행위로 받아들이기보다는 관심과 사랑으로 받아들인다. 책으로부터 얻는 기능적인 이점은 그다음이다. 아이에게 책은 자연스럽게 사랑스러운 존재가 되고, 책과 엄마는 좋은 이미지로 마음 깊이 자리 잡게 된다. 나아가 이것이 평생 공부의 씨앗으로 작용한다니, 어찌 책 읽기를 즐기지 않을 수 있을까?

책이 도구가 되어 엄마와 애착이 충분히 형성된 아이는 글자에도 자연스럽게 관심을 두게 되고, 어느 날부터 엄마 품에서 나가 한 발씩 떼기 시작하는 아이처럼 스스로 읽기를 시작한다. 이것은 신체 발육만큼이나 자연스럽다.

책의 힘은 위대하다. 하지만 아이 혼자만의 힘으로는 효과를 볼 수 없다. 사랑하는 엄마가 아이에게 꾸준히 책을 읽어줄 때 효과를 볼 수 있다. 혹시 아이가 어릴 때 책을 많이 읽어주지 못한 일이 후회된다면 늦지 않았다. 우리의 뇌는 환경과 자극에 따라 평생 변화한다(뇌가소성(可塑性)). 책을 통한 평생 공부의 씨앗을 지금부터라도 심으면 된다.

매일 정해진 시간에 아이에게 책 읽어주는 엄마가 돼 보자. 그 시간이 차곡차곡 쌓이면 아이는 알게 모르게 공부그릇이 형성되어 공부에 자신감을 느끼는 아이, 공부가 즐거운 아이로 성장하게 될 것이다. 읽기가 익숙해지고 수월해지며 텍스트가 지닌 깊은 의미까지 이해하는 아이는 이미 자기주도 학습 역량을 갖춘 아이다.

자기주도 학습 습관은 어떻게 만들어지는가

엄마가 책을 정기적으로 읽어주면, 아이는 자연스럽게 문자에도 관심을 갖는다. 이때 문자를 의식하면서 책을 읽어주면 문자의 규칙을 터득해서 글눈이 트이게 된다. 아이가 글을 읽게 되면 아이가 혼자 읽기를 바라는 엄마도 있는데, 글을 읽을 줄 안다고 깊은 의미까지 파악하는 것은 아니다. 또 아이에게 함께 읽는 독서는 '엄마와의 좋은 관계'를 의미하기도 하는데, 혼자 읽으라고 하면 엄마와 단절되었다고 느껴 상실감을 느끼게 될 수도 있다.

그러므로 자발적이고 자기주도적인 책 읽기가 습관으로 발전하려면 먼저 엄마와의 책 읽기가 충분히 쌓여야 한다. 이것이 자연스레 공부 습관과도 연결된다.

아이가 학교에 들어가면 책 읽기나 공부는 공부방에서 독립적으로 해야 한다고 생각하는 부모들도 있다. 그럼 아이는 엄마의 생각에 전적으로 동의하고 스스로 하고자 노력할까? 그렇지 않다. 아직 몸과 마음이 독립이 안 된 아이는 몸은 책상에 앉아 있을지 모르지만, 마음은 가족과 함께 있다.

혼자서 책을 읽거나 공부하는 것은 아이 스스로 자연스럽게 선택해야 한다. 억지로 떼어놓지 않아도 가족 또는 엄마와 함께하는 것보다 혼자 하는 것이 편하고 효율적임을 스스로 알게 되는 때가 온다.

몇 년 전부터 우리나라에 '자기주도 학습'이 유행하고 있다. 많은 사교육 기관이 자기주도 학습을 상품으로 만들어 부모들의 구매욕을 건드렸다. 이것이 가능한 나라는 아마도 우리나라가 유일할 것이다. 그러나 자기주도 학습은 부모가 아이에게 주입한다고 해서 어느 날 갑자기 생기는 것은 아니다.

자기주도 학습은 하나의 상품도 아니요 선택도 아니다. 에듀테크 시대에 당연하게 지녀야 할 공부 역량이다. 자기주도 학습은 학습자의 문해력이 성장하면서 지식을 알아가는 흥미를 느끼고, 배움의 가치를 스스로 깨달을 때 시작된다.

공부가 자신의 삶에 어떤 영향을 끼치는지를 느낀 아이는 자신의 꿈을 이루기 위해 공부 방법을 찾기 시작한다. 그래서 시간을 계획하고 공부의 자원을 효율적으로 사용하는 방법을 터득하며 실천하고, 자신의 행동을 계속 반추해 본다. 그리고 공부라는 것이 어렵고 힘든 일이지만, 더 큰 꿈을 위해 참고 견디는 노하우를 개발한다.

그래서 자기주도 학습을 '자기조절 학습'이라고 일컫는 것이다. 이것은 문제를 많이 푼다고 길러지는 능력이 아니다. 자기주도 학습 습관을 기르기 위해서는 오랜 시간이 필요하고 많은 시행착오가 필요하다. 부모는 섣부른 개입보다 지켜봐 주고, 격려하고, 기다려줘야 한다.

자기주도 학습 습관은 자율성과 정서조절 능력이 바탕이 되어야 한다. 자율성과 정서조절 능력은 태어남과 동시에 발달하기 시작한다. 그러므로 자기주도 학습 습관은 태어나면서부터 부모로부터 영향을 받아 차근차근 자라난다. 어느 날 아이에게 좋은 옷을 사서 입히듯이 줄 수 있는 것이 아니란 말이다.

아이에게 자기주도 학습 역량을 만들어 주고 싶다면 우선 아이와 신뢰를 쌓아야 한다. 그리고 아이의 자율성을 존중해 주고 아이의 정서를 먼저 살펴주어야 한다. 부모가 아이를 믿음으로 지켜보며 격려를 아끼지 않는다면 아이는 시간이 걸려도 스스로 방향을 찾아가게 될 것이다.

자기주도 학습을 키우는 15분 가족 독서

가족 독서 시간은 자기주도 학습에 필요한 문해력, 자율성, 정서조절 능력, 표출 능력을 함께 키울 수 있는 좋은 방법이다. 많은 시간을 투자할 필요도 없다. 하루 15분 정도면 충분하다. 그럼 매일 15분 가족 독서 시간을 갖는 요령을 살펴보자.

1. 상의해서 가족 독서 시간을 정한다. 아이의 의견을 존중하여 시간을 정한다. 가족 전체가 모이기 힘들 땐 엄마와 둘이서 독서 시간을 갖는 것도 좋다.

2. 매일 정해진 시간에 거실에 모인다. 함께할 수 있는 독서 전용 테이블을 마련하는 것이 좋다.

3. 가족이 한 곳에 모였다면 각자 읽고 싶은 책을 읽는다. 때로는 같은 책을 정해 읽기도 한다. 가족이 동일한 책을 읽을 때는 아이 수준에 맞춘다.

4. 마무리는 북 토크를 한다. 북 토크를 거창하게 생각할 필요는 없다. 읽은 책의 이야기든, 읽고 싶은 책에 관한 이야기든, 부담 없이 대화의 시간을 갖는다. 아이가 부담스러워 한다면 안 해도 된다. 책 읽는 시간을 공유하는 것이 더 중요하다.

하루 15분 가족 독서 시간은 아이에게 책에 대한 또 다른 즐거움을 선물한다. 아이는 혼자 하는 독서 시간보다 가족과 함께하는 시간을 더 좋아한다. 가족과 함께 책 읽기를 하면 가족 간의 신뢰가 생기고, 자율성과 독립성도 함께 큰다. 그리고 가족 앞에서 스스럼없이 질문하고 의견을 주장하다 보면 사고하고 표현하는 능력도 자연스럽게 길러진다.

아이들은 엄마, 아빠가 책 읽는 모습을 보며 자신의 미래의 모습을 상상하기도 한다. 부모의 책 읽는 모습을 아이에게 보여주는 것은 평생 독서가를 만드는 지름길이다. 가족 독서 시간을 매일 15분 정도 갖도록 하자. 그리고 그 시간을 서서히 늘려나가 보자. 이것이 쌓이면 책 읽기는 천성처럼 편해지고 공부그릇은 자연스럽게 커질 것이다.

독서가 평생 경쟁력

가끔 의도하고 가르치지 않아도 스스로 글을 읽고 책을 좋아하는 아이들이 있다. 이런 아이들을 '독서 영재'라고 한다.

미국의 한 연구소는 집에서 특정한 교육을 받지 않았고 읽기 교육 프로그램을 거치지도 않은 '독서 영재'들을 집중적으로 연구했다. 이들을 40년간 연구 조사했는데, 대부분의 독서 영재 가정에서 다음의 4가지 공통점을 발견했다고 한다.

첫째, 부모가 아이에게 규칙적으로 책을 읽어주었다. 이것을 독서 영재 탄생의 가장 대표적인 요인으로 보고 있다.

둘째, 집에 책, 잡지, 신문 등 다양한 인쇄물이 있었다. 인쇄물이 많을수록 아이의 글쓰기, 읽기, 수학 성적이 높은 것으로 나타났다.

셋째, 아이 주변에 종이와 연필이 항상 있었다. 많은 연구자가 아이의 글에 대한 호기심은 거의 예외 없이 끄적거리고 그리는 것에서부터 시작한다고 했다.

넷째, 가족이 읽기와 쓰기에 대한 아이의 흥미를 다방면으로 자극했다. 부모는 아이와 함께 책을 읽으며 서점이나 도서관에 자주 데려 가고, 아이의 이야기를 적극적으로 들어주고, 아이의 읽기와 쓰기를 칭찬했다.

이 연구 결과를 보면 독서 영재까지는 아니어도 책을 좋아하는 아이로 만드는 일이 그렇게 어려운 일은 아니라는 것을 알 수 있다. 아이의 독서 능력은 부모의 관심과 노력에 따라서 얼마든지 달라질 수 있다.

책을 좋아하는 아이가 공부를 싫어하는 경우는 드물다. 공부는 책을 통해 앎을 확장해가는 것이기 때문이다. 또한, 책을 읽고 이해한다는 것 자체가 공부그릇을 만들고 있는 것과 다름없음을 우리는 여러 가지 면에서 살펴보았다.

그렇다면 부모가 할 일은 성적에 연연하기보다는 일상에서 독서를 즐기는 아이로 키우는 것이다. 독서하는 아이는 평생 차별화된 경쟁력으로 세상을 누비며 살아갈 수 있을 것이다.

4부

질문과 토론은
공부그릇을 확장시킨다

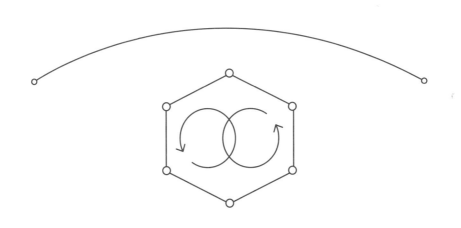

새로운 시대의 공부는 질문과 토론으로 자신만의 생각그릇을 키

우는 것이 핵심이다. 깊고 넓게 확장된 사고력, 남다른 관점의 사

고력은 문제의 본질을 파악하여 창의적으로 문제를 해결할 수 있

게 해준다. 끊임없이 변화하는 시대에 이것이 결국 경쟁력인 역

량임을 알아야 한다.

이제 질문과 토론이
공부다

2016년 스위스 다보스 세계경제포럼에서 클라우스 슈밥은 "인공지능이 기존 지식과 직업 체계를 뿌리부터 뒤바꿀 것"이라고 예측했다. 앞서 미국 노동부는 당시 초등학생 가운데 60% 이상은 대학 졸업 후 현존하지 않는 직업을 가지게 되리라 예측했다. 미래에 대한 이러한 예측은 4차 산업혁명이 곧 교육혁명이라는 것을 말해준다.

질문하고, 생각하고, 토론하는 공부가 진짜 공부

디지털 혁명으로 인한 세상의 변화는 디지털 이주민으로 사는 기성세대에게 어쩌면 받아들이기 힘든 일일 수 있다. 사실 기성세대는 이런 변화에 큰 영향을 받지 않고 적당히 살 수도 있다.

그러나 10년, 20년, 30년 후의 진화된 세상을 살아갈 우리 아이들은 어찌할 것인가? 그러므로 부모는 우리 아이에게 진짜 필요한 것이 무엇인지 고민해야 한다. 가정과 학교에서는 이제부터라도 미래를 내다보며 아이들에게 필요한 실질적인 역량을 갖출 수 있도록 함께 노력해야 한다.

그렇다면 미래 사회에 필요한 역량을 기르기 위해 학교는 어떻게 바뀌고 있나? 이제 교육은 지식 중심이 아니라 역량 강화 교육에 초점을 맞추고 있다. 창의융합교육은 창의성, 협업 능력, 비판적인 사고력, 소통 능력 등을 교육의 목표로 하고 학생들을 평가한다.

창의융합교육은 '지식을 얼마나 많이 알고 있느냐'의 양적 교육이 아니라, '각자의 생각을 모아 서로 협조하여 문제를 해결할 수 있느냐'의 질적 교육이다. 그러므로 공부는 '생각하는 공부', '토론하는 공부', '협업하는 공부', '재창조하는 공부'로 바뀌고 있다. 세상이 변화하며 교육의 패러다임이 바뀌고 있는 것이다.

이스라엘 히브리대 역사학과 교수이자 《사피엔스》의 저자 유발 하라리는 다음과 같이 주장했다.

"지금 학교에서 배우는 것의 80~90%는 아이들이 40대가 됐을 때 별로 필요 없게 될 가능성이 높다. 인공지능으로 세상이 혁명적으로 바뀔 텐데 현재의 교육 시스템은 그에 대비한 교육을 전혀 못 하고 있다."

또 영국 옥스퍼드대 인터넷 연구소 최고 자문역이자 30년 동안 전문직의 미래를 연구해온 리처드 서스킨드는 변호사, 의사, 회계사, 약사 등 거의 모든 분야의 전문직이 인공지능으로 대체될 것이라고 했다.

세계 석학들의 이러한 예측은 점점 현실화되고 있다. 따라서 가정과 학교는 미래의 주역인 아이들에게 인공지능이 할 수 없는 영역을 개발하거나 인공지능과 협업하는 역량을 키우도록 이끌어야 한다. 이것은 비판적 사고 없이 무조건 흡수하는 수동적인 공부, 입력의 공부에서 기존 지식에 의문을 품는 질문의 공부, 생각을 표현하는 토론형 공부로 전환해야 함을 의미한다.

국민 전체가 질문하고 생각하는 나라, 프랑스

프랑스는 문화와 예술, 패션, 명품 등으로 국민의 자존감이 높은 나라다. 뿐만 아니라 온 국민이 '프랑스는 철학 하는 나라'라는 자부심 또한 대단하다. 매년 실시하는 '바칼로레아'는 프랑스의 이런 면모를 잘 보여주는 시험이다.

바칼로레아는 프랑스의 고등학교 졸업 자격시험인 동시에 대입 자격시험이다. 바칼로레아는 나폴레옹 시대부터 시작된 200 여 년의 전통과 역사를 가진 시험으로, 프랑스와 프랑스인이 '철학 하는 나라, 생각하는 국민'임을 보여준다.

바칼로레아는 총 15개 과목 모두 논술 시험으로 치른다. 가장 비중이 높은 철학 시험은 4시간 동안 3개의 주제 중 1개를 선택해 논문 형태로 작성해야 하는 것으로 온 국민의 관심거리이다.

바칼로레아의 철학 시험은 복잡한 지문 없이 짧은 문장으로 출제되는데 다음과 같다.

- 모든 사람을 존중해야 하는가? (1993년)
- 과거에서 벗어날 수 있는가? (1996년)
- 타인을 심판할 수 있는가? (2000년)
- 폭력은 어떤 상황에서도 정당화될 수 없는가? (1989년)
- 정치에 관심을 두지 않고도 도덕적으로 행동할 수 있는가? (2013년)

이처럼 바칼로레아 철학 시험은 추상적인 사고를 요구하거나 사회적인 이슈를 반영하는 문제가 주로 출제된다. 중국의 천안문 사태가 있었던 1989년에는 '폭력은 어떤 상황에서도 정당화될 수 없는가?'라는 문제가 출제됐고, 프랑스 정치인들의 탈세와 비리가 문제되었던 2013년에는 '정치에 관심을 두지 않고도 도덕적으로 행동할 수 있는가?'라는 문제가 출제됐다.

해마다 바칼로레아의 철학 시험 문제는 국민 전체의 핫이슈가 된다. 프랑스 국민은 바칼로레아가 끝나고 문제가 언론에 발표되면 삼삼오오 모여 자발적으로 철학 시험을 치르듯 서로 의견을 내고 토론한다. TV에 출연해 자기 생각을 발표하는 정치인, 빈 강당이나 카페에 모여 자기 생각을 이야기하는 학자나 시민 등 프랑스 곳곳에서 그들은 생각하고 대화하는 철학자가 된다.

암기로 치를 수 없는 시험, 모범 답안이 없는 시험 바칼로레아는 200년 넘게 프랑스 국민을 스스로 생각하고 비판적 사고를 가진 국민으로 만들었다. '질문하고 생각하고 소통하는 국민', 이것이 오늘날 세계적인 문화와 예술을 꽃피운 프랑스를 만든 원동력이 아닐까?

인생에는 정답이 없다. 모든 상황에서 스스로 생각하고 판단하며 문제를 해결해야 한다. 지금 아이들에게 문제해결력을 키우는 공부가 무엇인지, 우리 아이가 지금 공부를 통해 그러한 연습을 하고 있는지 돌아봐야 하는 시점이다.

세계 명문 학교는 질문과 토론을 한다

지금 세계는 강의식 수업 대신 질문과 토론 수업에 주목하고 있다. 질문과 토론이 인간 고유의 강점인 사고하고 창조하는 힘을 길러낼 수 있는 최적의 방법이기 때문이다.

미국 동부의 뉴햄프셔 주 앤도버에 위치한 필립스 아카데미는 미국의 기숙학교 중 최고의 명문 사립 고등학교다. 페이스북의 창립자이자 CEO인 마크 저커버그는 필립스 아카데미 출신으로, 페이스북이라는 명칭은 이 학교의 출석부에서 힌트를 얻었다고 한다.

필립스 아카데미는 강의식 수업이 없고 모두 토론 수업이다. 하지만 처음부터 토론식 수업이었던 것은 아니라고 한다. 석유 재벌 자선사업가 에드워드 하크니스가 혁신적인 교육 방식을 고안하면 거액을 기부하겠다고 제안하자, 학교 관계자들이 고심 끝에 큰 원형 탁자에 둘러앉아 토론하는 수업을 생각해 낸 것이다.

이 수업은 학생들이 모두 한 방향을 향해 앉아서 듣기만 하는 강의식 수업과는 다르다. 모든 학생이 원형 테이블에 둘러앉아 서로 마주보며 질문과 토론을 하는 '학생 중심의 소통하는 수업'이다. 에드워드 하크니스는 약속한 대로 거액을 기부했고, 소통의 중심에 있는 원탁은 '하크니스 테이블'로 불리게 되었다. 하크니스 테이블은 평범했던 필립스 아카데미를 세계 최고의 명문으로 만들었고, 토론식 수업의 상징이 되었다. 이것이 질문하고 토론하는 공부의 힘이다.

영국에는 질문을 통한 대화와 토론을 지향하는 옥스퍼드 대학이 있다. 옥스퍼드 대학 역시 다른 대학처럼 학생을 선발할 때 성적을 참고하지만, 성적보다 더 중요하게 여기는 것은 면접이다.

면접관은 학생의 지식이 아닌 민첩한 사고나 논리적인 주장을 얼마나 잘 하는가를 평가한다. 이는 학교에 입학하여 '질문의 공부, 소통과 협업의 공부'를 제대로 할 수 있는가를 판단하기 위해서다.

질문과 소통의 공부를 중요하게 여기는 옥스퍼드 대학에는 180년이 넘는 전통을 가진 학생 자치 토론 클럽인 '옥스퍼드 유니언'이 있다. '옥스퍼드 유니언'에서는 질문 공부가 이루어진다. 학생들은 이곳에서 어떤 간섭도 받지 않고 다양한 주제로 자유롭게 토론한다. 세상의 모든 이론과 원리를 당연하게 받아들이지 않고 질문을 매개로 대화와 토론을 하며 학생 스스로 세상의 이치를 발견해 나간다.

프랑스 국민을 생각하는 국민으로 만든 바칼로레아, 미국 필립스아카데미를 명문으로 이끈 하크니스 테이블, 영국 옥스퍼드 대학의 상징이 된 옥스퍼드 유니언. 이처럼 세계 명문 학교는 강의식 공부보다 질문을 통한 교류와 협업의 공부를 중요하게 여기고 있다. 왜 그럴까? 교육 관계자들은 "질문의 공부, 토론의 공부가 인간의 사고를 폭넓게 확장해 주기 때문"이라고 말한다.

창의융합 사고력은 4차 산업혁명 시대에 인공지능이 결코 가질 수 없는 인간만의 역량이다. 인공지능이 아무리 우수하다 해도 그것은 프로그래밍된 알고리즘일 뿐이다. 게다가 그 알고리즘은 인간의 상상력과 사고력이라는 역량에서 나온 것이다.

새로운 시대의 공부는 질문과 토론으로 자신만의 생각그릇을 키우는 것이 핵심이다. 깊고 넓게 확장된 사고력, 남다른 관점의 사고력은 문제의 본질을 파악하여 창의적으로 문제를 해결할 수 있게 해준다. 끊임없이 변화하는 시대에 이것이 결국 경쟁력인 역량임을 알아야 한다.

질문·토론·논쟁으로
세상을 바꾼다

세계를 주름잡는 유대인

전 세계 인구의 0.2%에 불과한 소수 민족이면서도 역대 노벨상 수상자의 30%를 차지하며 세계를 주름잡는 민족이 있다. 바로 유대인이다. 소수 민족으로서 세상에 지대한 영향력을 발휘하는 유대인들의 활약을 살펴보면 입을 다물기 어려울 정도다.

전 세계 영화의 85%를 차지하는 할리우드 영화 산업은 유대인들로부터 시작된 것이라 해도 지나친 말이 아니다. 미국의 영화계는 유대인과 손을 잡지 않으면 성공할 수 없다고 말할 정도로 메이저 영화사는 대부분 유대인이 창업하였다. 감독, 가수, 배우 등 미국의 엔터테인먼트 분야를 장악하고 있는 것도 유대인이다.

엔터테인먼트 분야에서 유대인 출신으로 우리에게 많이 알려진 사람 중에 스티븐 스필버그 영화감독이 있다. 그는 어린 시절 왜소하고 겁도 많은 평범한 아이였으나 남다른 호기심이 있었다고 한다. 엄마는 그런 아들을 위해 8mm 무비 카메라를 사주었다. 스필버그의 엄마는 아들이 카메라를 들고 집안을 난장판으로 만들어도 묵묵히 지켜봐 주었다. 스필버그의 엄마는 "남들처럼 잘하는 것을 바라기보다는 남들과 다르게 하도록 노력했다"며 유대인 특유의 자녀 교육 철학에 대해 말하기도 했다.

법조계나 언론계에서도 유대인의 활약은 단연 돋보인다. 미국 로스쿨 재학생 중의 30%, 미국 전체 법대 교수의 26%가 유대인이며, 미국 연방 대법관도 상당수 차지한다. 또한, 뉴욕타임스, 워싱턴포스트, 월스트리트저널, 뉴스위크 등 미국 언론사의 대부분이 유대인 소유이며, 기자와 칼럼니스트의 30% 이상이 유대인이다.

게다가 전 세계 백만장자의 20%가 유대인이라니 세계 경제를 주름잡고 있다고 해도 과언이 아니다. 우리에게 잘 알려진 애플, 페이스북, 인텔, 스타벅스의 창업자 모두 유대인이다.

세계 인구의 0.2%에 불과한 유대인은 이밖에도 여러 분야에서 두각을 나타내며 세계를 주름잡고 있으니, 우리는 그들의 성공 비결이 궁금할 수밖에 없다.

유대인의 성공 비결은 하브루타

유대인은 자신들이 이룬 기적과 같은 성취를 교육을 중요시하는 문화적 특성과 그에 따른 높은 교육열 덕분이라고 여기고 있다. 세계적으로 인정받고 있는 유대인의 높은 교육열은 그들의 민족 종교인 유대교에서 비롯되었다. 유대인은 전통적으로 유대교의 경전인 《토라》를 읽고 이해하기 위해 공동체를 만들어 밤낮으로 함께 공부한다. 그들의 이런 종교적 관습과 신앙적 노력이 서로 짝을 지어 질문하고 토론하는 '하브루타'의 전통을 만들어냈다.

하브루타는 '친구, 짝, 파트너'를 뜻하는 '하베르'에서 유래한 말이다. 곧, 하브루타는 '짝을 지어 공부하는 것'을 의미한다. 유대교의 경전인 《토라》나 《탈무드》를 가지고 질문하고 대화하고 토론하고 논쟁하는 것이 유대인의 대표적인 공부법 '하브루타'다.

하브루타는 태아에게 책을 읽어주는 태교에서부터 시작하는데, 아이가 태어나면 더욱 활발해진다. 부모는 아이가 말귀를 못 알아듣더라도 끊임없이 말을 건넨다. 아이가 자기 전에는 반드시 부모가 잠자리에서 책을 읽어준다. 아이와 어느 정도 대화가 이루어지는 시점이 오면 아이는 가족과 하브루타를 한다. 하브루타의 주제는 종교서에 나오는 내용뿐만 아니라 일상의 모든 것이 해당한다. 사소한 결정에서부터 중요한 결정에 이르기까지 가족은 함께 모여 하브루타를 한다. 이렇게 뱃속에서부터 시작되는 하브루타는 그들의 삶 자체가 된다.

하브루타는 하나의 질문에서 시작하지만 정해진 답은 없다. 질문을 받은 짝은 질문에 대한 자기 생각을 얘기하고 파트너는 상대의 의견을 듣고 다시 질문한다. 이런 파트너 간의 반복되는 질문과 주고받는 의견이 토론, 논쟁으로 발전되면 생각의 뇌는 끊임없이 성장하게 되고 지식은 깊어진다.

이처럼 유대인의 사고하는 힘은 일상에서 습관처럼 하브루타를 하며 점점 향상되어 평범한 사람들의 사고력과는 비교가 안 될 정도까지 발전한다.이것이 노벨상 수상자의 30%를 차지하게 된 뿌리이다.

시끄러운 도서관, 예시바

앞서 유대인의 성공 비결은 높은 교육열이라고 했다. 사실 교육열이라면 우리나라도 남부럽지 않다. 그러나 우리는 유대인만큼 성공하고 있지 못하다. 그렇다면 우리와 유대인의 차이는 어디에서 오는 것일까? 아마도 상반된 교육 방법 때문 아닐까?

우리나라의 공부는 조용히 혼자서 하는 방식이다. 우리 젊은이들이 많이 이용하는 고시원은 1.5평의 작은 공간에서 혼자 조용히 공부만 하도록 설계되어 있다. 우리나라 도서관의 풍경은 또

어떠한가? 열람실 일부는 누구의 방해도 받지 않고 혼자 조용히 공부할 수 있도록 칸막이가 설치되어 있다. 이런 분위기가 우리에게 익숙한 것은 공부는 함께 하는 것이 아니라 혼자 하는 것이라 여겨왔기 때문이다. 이렇게 된 데에는 지식을 머릿속에 입력하고 저장하는 것이 공부라고 생각하기 때문이기도 하다.

하지만 유대인의 공부는 우리와는 정반대다. 이스라엘에는 유대인의 전통적인 학습기관인 예시바가 있다. 예시바는 우리나라로 치면 일종의 도서관이다. 예시바에서 공부하는 유대인의 모습은 우리와는 사뭇 다르다. 도서관의 자리 배치도 칸막이 대신 두 사람이 마주 보거나 나란히 앉을 수 있게 되어 있다. 예시바에 공부하려고 온 유대인들은 서로 모르는 사이일지라도 하브루타를 한다. 도서관에서 짝을 지어 토론과 논쟁을 벌이다니 우리나라의 문화로는 상상하기가 어렵다.

예시바는 조용한 우리나라의 도서관과는 거리가 멀다. 수백 명 이상이 모여 일대일로 짝을 짓고 시끄럽게 토론과 논쟁을 한다. 공부하러 예시바에 온 그들은 아무도 조용히 혼자 책을 읽고 있지 않는다. 유대인에게 공부는 함께하는 것이고 토론과 논쟁으로 세상의 이치를 밝혀내는 것이기 때문이다. 즉, 지식을 있는 그대로 수용하는 것이 아니라 자신의 생각으로 바꿔 표현하고 토론하는 공부를 중요하게 여기는 것이다.

어떤 유대인 학생은 하브루타에 대해 다음과 같이 말했다.

"예시바에서 《탈무드》를 공부할 때에는 찬성과 반대로 항상 짝을 이루어 해요. 이 공부 방식은 매우 오래되었어요. 유대교에서 짝을 이루어 공부하라고 가르치는 것은 뭔가 이해되지 않는 부분이 있을 때 다른 사람이 도와줄 수 있기 때문이죠. 또한 다른 사람에게 무언가 설명해주면 자기 자신도 그 내용을 더 잘 이해하게 되고, 때론 자신은 이해했다고 생각했는데 정말 이해한 게 아니라는 사실을 깨닫게 되기도 하죠. 그래서 다른 사람과 함께 토론과 논쟁을 벌이는 공부는 매우 생산적이에요."

그렇다. 이 학생의 말처럼 교사의 수업을 들을 때 또는 혼자서 공부할 때 모두 이해했다고 생각한 것도 실제로 말해보거나 글로 써 볼 때, 즉 표현하고 출력할 때는 생각만큼 잘 안 되는 경우가 다반사다. 공부는 배우는 '學(학)'이 이루어진 뒤에는 스스로 익히는 '習(습)'이 필요하며 학(學)과 습(習)의 조화가 적절히 이루어져야 온전해진다. 이것은 입력과 출력의 공부가 모두 필요하다는 것을 의미한다. 그리고 유대인처럼 학습한 것을 끄집어내 볼 때 비로소 스스로 알고 모르는 것을 구분할 수 있다. 하브루타는 메타인지를 길러내는 공부인 셈이다. 그러므로 그들이 세계적인 경쟁력을 갖게 된 것은 이상한 일이 아니다.

유대인의 하브루타는 질문, 토론, 논쟁으로 완전한 '학습'을 추구하고 있다. 유대인에게 《토라》나 《탈무드》를 통해 질문하고 토론하고 논쟁하는 하브루타가 없었다면 지금의 기적 같은 결과들이 존재했을까? 아마 그렇지 않을 것이다. 그들의 말처럼 각 분야에서 세계를 리드하는 유대인의 저력은 질문·토론·논쟁에서 비롯되었다고 할 수 있다.

에듀테크 시대를 살고 있으면서도 우리는 여전히 공부를 외부에 있는 지식을 머릿속에 집어넣는 것으로 여기는 경향이 있다. 그러나 'education(에듀케이션)'의 어원은 '우리 내부에서 잠재된 가능성을 끄집어낸다'는 의미를 가진 라틴어 'educo(에듀코)'에서 비롯된 것임을 제대로 이해해야 한다. 진정한 에듀코를 실천함으로써 개인의 가능성과 잠재적 역량을 최대한 이끌어내는 하브루타 교육에서 많은 것을 배울 수 있어야 한다.

우리도 변화해야 한다. 한 줄의 텍스트를 가지고 3시간, 4시간 자신의 생각을 논할 수 있어야 한다. 그곳에서 자신만의 창의적인 문제해결 역량이 성장할 것이다.

표현하고 출력하는 공부가
진짜 공부다

책상에 앉아서 혼자 조용히 공부하는 시대는 저물어가고 있다. 자녀를 키우는 부모의 가장 큰 관심사는 자녀의 공부일 것이다. 그런데 시대의 변화에 따라 공부의 정체성이 변화했는데도 여전히 과거의 수동적인 공부에 머물러 있는 경우가 적지 않다. 무엇이 진짜 공부이고 무엇이 가짜 공부인지 구분해야 한다.

상위 0.1%의 비밀

EBS의 한 프로그램에서 상위 0.1% 아이들의 공부 비결을 인터뷰했는데, 그중 인상적인 공부법을 소개한 여고생이 있었다.

그 학생은 보통의 아이처럼 방에서 혼자 공부하다가 갑자기 엄마를 자기 방으로 불렀다. 딸의 부름을 받고 방에 들어온 엄마는 딸의 의자에 앉았다. 그러자 딸은 벽에 붙어있는 커다란 화이트보드 앞에 서서 엄마에게 역사를 가르쳤다. 고등학생 딸은 역사 선생님 역할을, 엄마는 역사를 배우는 학생 역할을 하는 것이다. 딸은 엄마 앞에서 열심히 판서하며 손짓, 발짓과 함께 설명했고, 엄마는 연신 고개를 끄덕이며 호응해 주고 있었다.

찰떡궁합을 보인 두 모녀의 모습이 참 인상 깊었다. 그 학생은 어릴 때부터 공부하다가 이런 요청을 자주 해서 아예 공부방 벽에 커다란 화이트보드를 달아줬다고 한다. 학생이 선생님이 되어 엄마를 가르치는 공부 방식은 그 학생을 상위 0.1%로 만든 비결이었다.

말하는 공부, 메타인지 공부법

위에서 소개한 학생의 공부법이 바로, 메타인지 공부법이다. 보통의 학생은 선생님에게 설명을 들으며 조용히 머릿속으로 공부한다. 이렇게 가만히 앉아서 선생님이 전달하는 내용을 들으면 이해가 된 것 같고 공부를 제대로 한 것 같은 생각이 든다. 하지만 일방적으로 듣는 공부는 선생님이 설명하는 그 순간은 이해가 됐을지라도 아직 완전히 자신의 것은 아니다. 이해가 된 내용을 충분히 소화하고 타인에게 설명할 수 있을 정도가 되어야 온전히 자신의 지식이라고 말할 수 있다.

일반적인 아이들은 학(學)에서 멈추지만, 상위권 아이들은 습(習)까지 나아간다. 그리고 앞에서 소개한 상위 0.1%의 여고생처럼 이해한 것을 다른 사람에게 설명하는 공부는 좋은 습(習)의 방법이다.

배운 것을 스스로 익혀서 표현해 보는 공부는 자신이 아는 것과 모르는 것을 정확하게 구분해 준다. 학습자가 자신의 인지 과정에 대해 생각하여 자신이 아는 것과 모르는 것을 구분하는 것을 '메타인지(metacognitive)'라고 하는데, 이것은 공부에 있어 매우 중요한 역량이다. 메타인지가 높은 학습자는 공부하며 스스로 문제점을 찾아내고 해결하며 자신의 학습 과정을 조절하는 자기주도 학습을 할 수 있기 때문이다. 메타인지는 지식을 머릿속에 집어넣을 때가 아니라 이해한 지식을 끄집어내 볼 때 향상되는 능력이다. 따라서 자신이 아는 것을 끄집어내 표현해 보는 공부, 예컨대 입으로 말해보고 글로 써보는 등의 공부는 아무리 강조해도 지나치지 않는다.

교실에서 선생님이 강의하고 학생들은 듣고만 있다면 공부가 가장 많이 되는 사람은 학생이 아닌 선생님이다. 선생님은 말하면서 때로는 손짓과 발짓으로 학생들을 가르치는데, 이때 선생님의 지식은 더욱 깊어지지만 학생들의 지식이 함께 깊어지지는 않는다. 이것이 강의식 수업의 함정이며, 습(習)과 출력이 동반되지 않는 공부는 효과가 크지 않은 이유이기도 하다. 그러므로 부모는 아이가 말하는 공부와 시끄러운 공부를 하도록 도와주는 것이 진짜 공부의 역량을 키워주는 것이다.

진정한 몰입의 공부, 거꾸로 교실

몇 년 전부터 거꾸로 교실(Flipped learning)이 새로운 교수 방법으로 세계적인 관심을 받았고, 우리나라에서도 정책화된 교수법이다. 에듀테크 시대에 적합한 수업 형태이기 때문일 것이다. 전통적인 수업은 선생님이 일방적으로 강의하고 학생들은 얌전히 듣는 방식이었다. 거꾸로 교실은 이런 수업 방식을 뒤집은 수업이다.

거꾸로 교실에서는 선생님이 가르치는 수업 내용은 교실이나 집에서 디지털 도구를 이용하여 동영상으로 시청한다. 그리고 시청한 동영상의 내용을 바탕으로 친구들과 함께 질문과 대화, 토론을 한다. 거꾸로 교실에서 교사는 앞에서 진두지휘하며 수업을 끌고 가는 주인공이 아니다. 교실의 주인공은 질문과 대화, 토론으로 수업을 채우는 학생들이다. 이때 교사는 교실의 조력자로서 질문하고 토론하는 아이들 곁에서 적절한 격려와 칭찬으로 이끄는 코치가 된다. 이처럼 거꾸로 교실에서 공부의 주인은 학생이다.

거꾸로 교실에서는 옆에 있는 친구가 서로에게 스승이 된다. 교실 안에서 지식 수위가 비슷한 동료끼리의 배움은 학생보다 수준이 높은 교사의 일방적인 가르침보다 효율이 훨씬 높다. 이미 오래전에 배움을 마스터한 교사는 지금 막 배움을 진행하는 아이들의 어려움을 이해하기 어려우나, 인지 수준이 비슷한 동료는 서로의 난관을 빨리 알아차려 도움을 주고받기가 수월하기 때문이다.

강의식 수업이 구경하는 공부였다면 거꾸로 교실은 참여하는 공부다. 자, 생각해보자. 구경할 때와 참여할 때 어느 쪽이 몰입도가 더 높을까? 축구 경기장에서 경기를 뛰고 있는 선수와 관람석에서 응원하는 관람객 중 어느 쪽이 집중도가 높을까? 자기편을 응원하는 관람객이 아무리 몰입도가 높아도 경기를 뛰는 선수보다 높을 수는 없다. 마찬가지로 학생이 아무리 수업에 집중한다 해도 설명하는 선생님보다 더 몰입할 수는 없다. 설명하는 사람에게 다른 생각이 좀처럼 비집고 들어올 수 없지만 가만히 앉아서 타인의 말을 들을 때는 조금만 방심해도 잡념이라는 불청객이 수시로 찾아온다.

선생님 지식만 깊어지는 강의식 수업은 변화하는 시대에 우리 아이들을 주인공으로 키워낼 수가 없다. 학교에서 훈련된 수동적인 태도가 사회에 나가서 갑자기 능동적인 태도로 바뀔 수 없기 때문이다. 이제는 아이들을 교실의 주인공, 공부의 주인으로 되돌려 놓아야 한다. 그래야 사회에 나가서도 주도적이고 자율적으로 자신의 삶에 몰입할 수 있게 된다.

전통적인 방법을 뒤집어라

인간은 망각의 동물이다. 에빙하우스의 망각 이론에 의하면, 인간은 무엇이든 학습한 지 10분 후부터 망각이 일어나기 시작하며, 하루가 지나면 배운 것의 70%를 잊어버리고, 한 달이 지나면 남는 것이 거의 없다고 한다. 그래서 복습이 필요하다. 에빙하우스는 학습한 직후 그리고 하루, 일주일, 한 달 이내에 4번의 반복 학습을 하면 처음 배웠을 때의 기억을 유지하며, 그 기억은 장기 기억으로 저장된다고 했다. 이처럼 에빙하우스의 망각 이론에서 습(習)의 중요성을 다시 한 번 실감할 수 있다.

학습은 어떤 방식으로 하느냐에 따라 효율이 달라진다. 미국 행동과학연구소에서는 외부 정보가 우리 두뇌에 기억되는 비율을 학습 활동별로 정리했다. 이것을 '학습 피라미드'라고 하는데 다양한 방법으로 공부한 다음 24시간 후에 남아있는 기억의 비율을 피라미드로 나타낸 것이다.

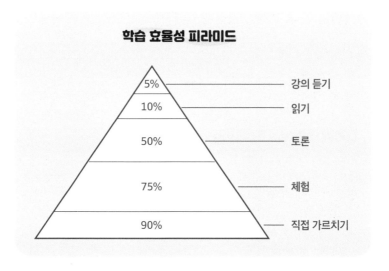

학습 효율성 피라미드

5%	강의 듣기
10%	읽기
50%	토론
75%	체험
90%	직접 가르치기

이 피라미드를 보면 강의 듣기는 5%, 읽기는 10%의 학습 효율을 갖는다. 이런 학습 방법은 우리가 오랫동안 가정과 학교에서 해 왔던 수동형 방식으로 생각보다 효과가 높지 않다. 그러나 모둠 토론은 50%, 실천·체험은 75%, 가르치기는 90%의 효율을 갖는다. 50% 이상의 효율을 갖는 방법들은 모두 질문·대화·토론 등의 능동적인 표현하고 출력하는 방법이다. 거꾸로 교실(Flipped learning) 역시 질문과 토론의 공부로 효율이 높은 능동형 학습 방식이다.

태어나서 공부에 20년 이상 시간과 에너지를 쏟고도 사회에 나가서 제로에서 다시 시작해야 하는 그런 비효율적인 공부에서 벗어나야 한다. 듣는 공부 대신 말하는 공부, 조용한 공부 대신 시끄러운 공부, 주입하는 공부 대신 스스로 배우는 공부가 진짜 공부다.

문제해결 능력,
질문에서 시작된다

기성세대는 오랫동안 주입식 교육에 익숙해져 있다. 따라서 '하나의 문제에 하나의 답'을 당연하게 생각한다. 학년에 따라 분류된 정해진 지식을 획일적으로 주입하는 교육 시스템은 하나의 질문에 하나의 답만을 요구했기 때문이다. 하나의 정답 외에는 모두 오답이다.

이런 교육 시스템은 '얼마나 정확한 암기력을 갖고 있는가?'를 객관식이나 주관식 시험 문제를 통해 측정한다. 객관식과 주관식은 보기가 있느냐 없느냐의 차이만 있을 뿐, 두 유형 모두 암기력을 테스트하는 것에서는 마찬가지다. 그러므로 주입식 교육 시스템에서 우등생은 정해진 지식을 많이, 그리고 정확하게 암기를 잘하는 학생이다.

암기력이 경쟁력이었던 국내형 공신

그런데 학령기 내내 정해진 지식을 달달 외우며 암기력을 훈련받은 우리나라의 우등생들은 다른 나라에서도 우등생일까?

세계 명문대에 입학한 한국 학생들이 학교생활에 적응하지 못하고 중도에 그만두는 경우가 많다고 한다. 컬럼비아대 새뮤얼 김의 박사 논문인 〈한인 명문대생 연구〉에 따르면 미국 명문대에 입학한 한국 학생들의 중퇴율이 44%라고 밝히고 있다. 한국에서 두각을 나타내고 세계 명문대에 입학까지 한 우등생들이 왜 중도 탈락하는 것일까?

여러 이유가 있겠지만, 공통적인 이유 중 하나는 공부에 대한 개념, 즉 공부 문화가 서로 다르기 때문이다. 우리나라에서는 교사의 설명을 열심히 듣고 이해한 지식을 정확하게 암기하는 것이 우등생의 조건이었다. 그러나 해외 명문대에서는 교수의 강의 대신 학생들의 생각과 의견으로 수업이 채워지고, 시험은 정답이 아닌 에세이 형식으로 자신의 의견과 근거를 논리적으로 펼쳐야 한다.

그러므로 정해진 지식을 고스란히 받아들이며 키운 암기력이 경쟁력이었던 우리나라의 우등생들은 자국에서만 통하는 소위 '국내형 공신'에 불과했다. 이들은 대부분 지식의 본질에 관심을 가지지 못한 채 누군가가 만들어 놓은 지식의 결과만 암기하는 이론 위주의 학습에 익숙해져 있다. 따라서 지식에 대한 본질적인 접근에 취약하여 세계의 명문대에서 요구하는 자신만의 의견을 갖추기가 쉽지 않은 것이다.

세상은 점점 복잡해지고 예측할 수 없을 정도로 빨리 바뀌는데 우리는 여전히 아이들에게 정답을 강요하고 있다. 정답 찾기 훈련으로 학령기를 보낸 아이들이 정답이 없는 세상에 나오면 적응을 잘할 수 있을까?

과거 정형화된 시스템 안에서 비슷한 이슈가 반복하여 일어났던 단순 사회로부터 예측할 수 없는 이슈가 불특정하게 일어나는 복잡다단한 사회로 전환되는 과정에서 우리 아이들에게 필요한 역량은 무엇일까?

이제 세상에서 필요한 역량이 무엇인지 구분해야 한다. 세상은 하나의 정답이 통하지 않는다. 공식을 대입하여 풀 수 있는 문제는 더 이상 세상에 나타나지 않는다. 우리 아이들이 길러내야 하는 능력은 암기력이 아니라 질문하고 판단하고 생각하는 힘이다. 불특정한 문제에 대하여 자신만의 문제해결력이다.

정답보다 문제해결을 위해 질문하는 아이

이미 죽었지만, 명사 12명(퀴리 부인, 다빈치, 피카소, 이순신, 광

개토대왕, 유관순, 명성황후, 에디슨, 애덤 스미스, 간디, 테레사 수녀, 다이애나 비) 중에 세 사람만을 살릴 수 있다면 누구를 선택하겠는가? (OO국제중학교 입학 구술 문제)

이 문제의 정답은 무엇인가? 이 문제는 정답이 없다. 개인의 생각과 그 생각에 대한 근거가 있을 뿐이다. 그렇다면 이 문제를 해결하기 위해서는 무엇에 주목해야 할까? 바로 질문이다. 이 문제는 이미 죽은 명사 12명에게 질문을 던질 줄 아는 역량이 있어야 제대로 답할 수 있다.

- 퀴리 부인, 다빈치, 피카소, 이순신, 광개토대왕, 유관순, 명성황후, 에디슨, 애덤 스미스, 간디, 테레사 수녀, 다이애나 비, 그들은 누구인가?
- 그들이 각각 인류에게 미친 영향은 무엇인가?
- 그들이 각각 인류에게 미친 영향은 오늘날 어떤 의미를 가지는가?
- 그들은 각각 나와 어떤 관계가 있을까?
- 그들이 죽지 않았다면 세상은 달라졌을까?
- 나는 누구를 살릴까? 왜?

세상은 빠르게 진화하고 있다. 이제는 아이들이 세상을 살아가는 데 필요한 진짜 경쟁력을 키워줘야 한다. 하나의 '정답'이 아닌, 문제 해결에는 다양한 '해답'이 있음을 알려줘야 한다. 해답의 사전적 의미는 '질문이나 의문을 풀이하는 것'이다. 해답을 찾기 위해서는 우선, 문제에 질문할 줄 알아야 한다. 문제해결 능력은 제대로 된 질문에서 비롯되니 말이다.

'8+9=17입니다. 왜 그럴까요?'라는 문제를 해결하기 위해서는 무엇이 필요할까? 이 문제를 해결하기 위해서는 답을 찾으려는 노력 이전에 문제 해결을 위한 적절한 질문이 필요하다.

- 8은 무엇을 의미하지?
- 9는 무엇을 의미하지?
- 17은 무엇을 의미하지?
- +, 덧셈의 개념은 무엇일까?
- =, 등호의 개념은 무엇일까?
- 8+9와 17은 왜 같을까?

이처럼 제시된 문제에 하나씩 의문을 품고 질문하면, 문제가 하나씩 분리되어 개별과 전체의 관계가 보이고 문제에서 요구하는 해답으로 접근할 수 있다. 이처럼 문제해결은 문제 파악으로부터 출발하며 이때 질문은 문제해결의 중요한 열쇠가 된다.

인생은 문제의 연속이다. 늘 새로운 문제를 풀면서 살아야 한다. 이때에도 문제를 올바로 해결하기 위해서는 답을 찾기 전에 문제 상황에 질문할 줄 알아야 한다.

- 지금 이 상황은 왜 일어났을까?
- 이 상황은 어디서부터 시작되었을까?
- 이 문제는 어쩔 수 없는 상황의 문제일까? 아니면 누군가의 잘못이 문제일까?
- 잘못이 있다면 어떤 잘못일까?
- 나의 문제는 무엇일까?
- 이 상황을 해결하지 못하면 어떻게 될까?
- 어떤 해결 방법이 있을까?
- 모두에게 좋은 해결 방법은 무엇일까?

에듀테크 시대의 공부는 지식에 질문을 던지는 공부여야 한다. 그래야 지식과 자신의 생각을 융합하여 새로운 것을 창조할 수 있다. 이것이 바로 문제해결 역량을 갖추는 공부다.

질문과 토론도
연습이 필요하다

잊을 만하면 한 번씩 우리에게 찾아오는 조류독감을 경험해 봤을 것이다. 조류독감의 발생 원인은 여러 가지가 있겠지만 좁은 우리에 빽빽하게 몰아넣고 대규모로 사육하는 현대식 축산 시스템이 가장 큰 원인이다.

닭이 알을 낳자마자 수거돼 인공 부화기에서 부화한 뒤, 소독약이 뿌려진 양계장에서 배합사료를 먹고 자라나기 때문에 제대로 된 면역력을 갖출 기회가 없다. 그런데다 양계장은 밀도가 매우 높아 그중 일부라도 전염성 질병을 앓는 경우, 순식간에 퍼져 전체의 문제로 발전한다.

경제적 효율을 위해 만든 공장식 축산 시스템이 진짜 경제적이고 효율적인지 묻고 싶다. 더 나아가 우리의 교육 시스템이 혹시라도 이와 같은 시스템은 아닐까 하는 의구심을 떨치기 어렵다. 시대가 바뀌었음에도 불구하고 아이들의 개성을 살리는 교육보다는 다수 속에서 경쟁심만 키우는 획일화된 교육 시스템이 조류독감과 같은 부작용을 시시때때로 일으키기 때문이다.

어미 닭의 지혜

인공부화기가 아닌 진짜 엄마 닭은 알이 부화하기까지 20일쯤의 기간을 먹고 마시지 않으며 꼼짝 않고 알을 소중히 품는다. 자식에 대한 엄마의 지극한 사랑은 사람이나 동물이나 차이가 없는 것 같다.

알 속에서 어미 닭의 따뜻한 돌봄을 받으며 자란 병아리는 어느 날 알껍데기를 '콕콕' 쪼며 세상으로 나올 준비를 한다. 이 순간을 기다려온 어미 닭은 밖에서 '탁탁' 함께 쪼아준다. 이렇게 병아리가 알에서 쪼는 행동을 '줄(啐)'이라 하고, 밖에서 어미 닭이 함께 쪼는 것을 '탁(啄)'이라 하는데, '줄'과 '탁'이 동시에 일어나는 것을 '줄탁동시(啐啄同時)'라고 한다. 이 말은 '서로 합심하여 일이 잘 이루어지는 것'을 비유할 때 쓰인다.

어미 닭이 큰 부리로 알을 쪼면 단번에 깨져 병아리가 금방 세상에 나올 테지만, 어미 닭은 그저 병아리가 쪼는 것에 맞장구만

쳐 줄 뿐이다. 그래서 병아리가 알껍데기를 깨고 세상으로 나오기까지는 꽤 시간이 걸린다. 이것은 병아리가 세상에 나와 잘 적응해서 살 수 있느냐 없느냐의 중요한 문제다. 알 속과 바깥은 공기나 온도가 매우 다르므로 알을 천천히 깨서 외부 환경에 적응하는 연습을 해야 한다. 알 속의 병아리가 이런 준비 없이 갑자기 세상에 나오면 급격한 환경 변화에 적응하지 못하고 죽어버린다. 세상으로 나오는 시간이 좀 더 걸리더라도 조바심을 내지 않고 충분하게 준비시키는 어미 닭의 지혜를 우리도 본받아야 한다.

질문과 대화의 연습장, 우리 집

병아리가 평온하고 따뜻하게 살던 알 속과 바깥세상은 매우 다르다. 마찬가지로 부모 슬하에서 보호받고 살던 환경과 스스로 헤쳐 나가야 하는 진짜 세상의 환경은 천지 차이다. 그러나 알 속에만 있었던 병아리가 바깥세상을 알지 못하는 것처럼, 아이들도 세상을 제대로 알지 못한다. 어미 닭이 병아리에게 천천히 세상으로 나갈 준비를 도와주는 것처럼 우리도 아이가 세상에 나가 자신의 기량을 온전히 펼칠 수 있는 준비를 할 수 있도록 도와줘야 한다.

어미 닭은 성급하지도 않고 재촉하지도 않는다. 때가 되어 노크하는 병아리의 신호를 듣기 위해 예민하게 귀를 기울이고 있을 뿐이다. 그러다 병아리의 신호가 오면 장단을 맞춰줄 뿐, 더는 오버하지 않는다.

어느 때에 이르러 알 속의 병아리가 어미 닭에게 신호를 보내는 것처럼, 아이는 호기심과 질문을 통해 부모에게 쉴 새 없이 신호를 보내기 시작한다. 부모는 아이가 보내는 신호를 예민하게 감지하고 이끌어 줘야 한다. 그때가 바로 질문과 토론으로 이끌어 낼 절호의 찬스임을 알아차려야 한다.

아이가 살아갈 세상은 지금보다 더 진화된 세상임이 틀림없다. 전 세계인의 역량이 네트워킹되어 하나로 합쳐지고 소통되어 더 평평한 세상이 될 것이다. 따라서 아이들은 다른 사람과 어떻게 협업하고 소통할 것인가에 초점을 두고 공부해야 한다.

공부그릇을 성장시키고 채우는 교류와 협업의 공부, 질문과 소통의 공부는 하루아침에 이루어지는 것이 아니다. 어릴 때부터 생활 속에서 자연스럽게 질문하고 대화할 수 있는 환경이 이루어져야 가능하다.

가정은 협업과 소통을 연습할 수 있는 작은 세상이다. 부모는 아이의 질문과 대화 능력을 키우는 커뮤니케이션 파트너다. 일상에서 질문을 찾고 그 질문 속에서 대화 능력을 키운다면 세상과의 소통은 훨씬 수월해질 것이다.

질문과 대화는 연습할수록 수월해진다

아이 : 엄마! 하늘은 왜 파란 건가요?

엄마 : 오! 좋은 질문이네, 진짜 하늘은 왜 파란색일까? 넌 왜 그렇다고 생각해? 같이 생각해 볼까?

아이가 질문하면 엄마는 늘 정답을 말해줘야 한다는 생각은 강박이다. 아이가 질문할 때 가장 먼저 해야 할 일은 칭찬이다. 어떤 질문이든 질문은 좋은 것이라는 가치관을 자녀에게 심어주어야 한다. 그래야 언제 어디서든 질문하는 아이로 자란다.

또한 바로 답을 해주기보다는 아이의 질문을 다시 질문으로 돌려줘야 한다. 그래야 아이의 사고가 자극이 되고 성장한다. 엄마와 함께 서로 질문하고 생각하는 아이는 틀림없이 스스로 멋진 인생을 설계할 수 있는 아이가 될 것이다.

아이 : 엄마! 예방 주사 맞기 싫어요.

엄마 : 그래, 그렇구나. 그런데 왜 주사 맞기 싫어? 예방 주사를 안 맞으면 어떻게 될까?

아이의 부정을 긍정으로 이끄는 방법은 먼저 인정하는 것이다. 아이의 감정을 먼저 수긍하고 인정하면 아이는 안정감을 느낀다.

그다음, 해야 할 것에 대하여 의논하는 방법으로 대화한다면 아이
는 스스로 결정권을 갖고 선택했다고 생각한다. 이것이 쌓이면 아
이에게 자존감이 생긴다.

아이 : 2 곱하기 2는 4 맞죠?
엄마 : 오! 맞아. 그런데 곱하기가 무슨 뜻이야? 2 곱하기 2는 왜 4
일까?

평소에 아이와 '왜' 질문 게임을 해 보는 것도 좋다. 어떤 문제에
대해 '왜'라는 질문을 받으면 좀 더 구체적으로 생각할 수밖에 없
다. 이때 아이의 생각그릇이 커지는 것은 당연하다.

아이가 평소에 '왜'라는 질문을 연습하고 익숙해지면, 공부할
때나 다른 상황에서도 습관적으로 '왜'라고 질문하고 생각하게 된
다. 이 습관은 문제를 깊게 들여다보고 여러 측면에서 보게 하여
문제 해결을 쉽게 한다.

'왜'라고 질문하고 답하다 보면 아이는 자연스럽게 논리적인 사
고와 말하기를 배우게 된다. 처음부터 논리적으로 말하는 사람은
없다. 연습을 자꾸 하다 보면 점차 논리적으로 표현하는 역량이
생긴다.

책을 읽고 질문 만들기

스스로 질문을 만드는 것은 다른 사람의 질문에 답하는 것보다 더 확장된 사고가 필요하다. 평소 독서하기 전이나 후에 스스로 질문을 만들어 보고 그 질문에 대한 답을 찾아가면서 읽는다면, 책을 더 깊게 읽을 수 있다. 아이에게 책을 읽고 질문을 만들어 보게 하고 그것을 매개로 하여 대화하면 아이는 책 읽기에 훨씬 더 흥미와 집중력을 가질 수 있다.

《흥부와 놀부》를 읽고 질문 만들기

· 흥부는 왜 가난할까?

· 놀부는 왜 욕심이 많을까?

· 놀부 마누라는 언제부터 심술 맞았을까?

· 내가 놀부라면 동생에게 어떻게 했을까?

· 부자는 원래 욕심이 많을까?

· 가난한 것은 나쁜 것일까?

· 놀부와 흥부는 30년 후에 어떻게 됐을까?

우리 집의 공통 화제를 이용해 질문 만들기

초등 고학년이 된 한 아이의 이야기다. 이 아이는 책을 곧잘 읽고 내용 파악도 잘하는 편인데, 생각하는 읽기로는 이어지지는 못한다고 했다. 그러다 보니 아이의 문해력이 늘어나지 않는 것이 문제였다.

아이들이 글을 읽을 때 겉으로 드러난 표면적인 내용 파악은 잘하더라도 깊은 사고력을 요구하는 분석, 응용, 창조적인 읽기는 잘 안 되는 경우가 많다. 이러면 생각의 난이도가 올라가는 중·고등학교 공부에 어려움을 겪을 수밖에 없다.

그러므로 평소에 분석, 응용, 창조 등의 사고력을 키울 수 있는 질문을 만들어 논리적으로 생각해 보고 말해 보는 연습이 필요하다. 예컨대 가족이 함께 공유할 수 있는 질문을 만들어서 냉장고 벽에 붙여 놓고 일주일 동안 함께 생각하는 방법도 좋다. 이때 아이에게 질문을 만들어 보게 하면 생각도 발전하고 더 적극적으로 된다. 주말에 그 질문을 화제로 삼아 대화를 나누면 사고력은 물론이고 가족과 함께하는 즐거움까지 알 수 있어 일거양득의 효과를 볼 수 있다.

질문과 대화로 소통하는 가족이 질문과 대화에 능숙한 아이를 만들 수 있다. 질문과 대화에 능숙한 아이는 세상을 리드할 수 있는 역량을 갖추게 된다.

- 거짓말은 반드시 나쁜 것일까?

- 인간은 왜 공부를 하는 것일까?

- 인공지능은 인간에게 도움을 줄까, 피해를 줄까?

- 사람은 언제 행복할까?

- 독서는 왜 사람을 성장시킬까? 반드시 그럴까?

- '효'란 무엇일까?

5부

공부그릇은 결국
세상을 다루는 힘이다

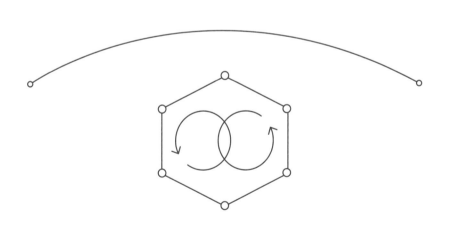

미래 사회의 경쟁력은 남과 얼마나 다른가에 있다. 세상에서 '나'

라는 존재는 유일하고 독특한 존재이다. 자신만이 가지고 있는 것

을 볼 줄 알아야 한다. 자신만의 강점을 발견하고 개발할 때 남과

다른 경쟁력을 갖출 수 있다.

베스트보다
유니크를 원하는 세상

대량생산 체제의 산업구조 안에서 인간은 획일성을 훈련받았다. 성적에 따라 서열화했고 등급을 나눠 차등화시켰다. 이것은 지난 사회 구조 안에서는 통했을지 몰라도 이제는 아니다. 세상은 개개인의 개성을 더 인정하고 존중하기 시작했고, 심지어 독특한 자신만의 개성을 상품화하기에 이르렀다.

에듀테크 시대의 교육은 일방적이거나 집단적인 교육이 아니다. 아이들 하나하나의 개성과 특징에 맞추어 가는 맞춤형, 개별형 교육이다. 동일하고 획일적이며 매뉴얼로 해결되는 것들은 인공지능 시스템 안으로 들어가고 있기 때문이다.

무엇이 교육적 주관인가

교육과혁신연구소 소장 이혜정 박사는 《누가 서울대에서 A+를 받는가》에서 변화된 세상과 맞지 않게 암기식 공부에 몰두하는 서울대 우등생들의 문제점을 지적했다.

이혜정 박사는 서울대에서 2학기 연속 4.0 이상의 학점을 받은 우등생들을 대상으로 심층 인터뷰와 설문 조사를 했다. 그 결과 높은 학점을 받는 비결은 강의실 맨 앞자리에 앉아 교수의 강의 내용을 농담까지도 완벽하게 받아 적는 것임을 밝혀냈다. '시험 답안지를 쓸 때 자기 생각이 교수의 생각과 다를 경우엔 어떻게 하겠느냐'는 질문에는 대부분 자기 생각을 버린다고 했다. 학생들은 "정답이 정해져 있는데 왜 다른 생각을 해야 하나?"라고 반문했다고 한다.

세상이 변함에 따라 사회에서 요구하는 인재상도 변하고 있다. 기업은 성적과 학력, 스펙 등의 정량화된 평가 시스템에서 벗어나 자기소개 프레젠테이션이나 블라인드 면접 등을 통해 개인의 역량과 가치를 평가하고 있다. 기업의 채용 기준 변화는 사회의 변화에 따른 당연한 현상이다. 기업은 공장 기계의 부품과 같이 정해진 일만 하는 사람이 아니라, 자신만의 독특한 재능과 아이디어로 회사 발전에 기여할 수 있는 인재를 원한다.

그러므로 에듀테크 시대의 공부는 '내 생각을 교수의 생각에 따라 바꾸는 것'이 아니라 '강의 등에서 얻은 지식을 바탕으로 내 생각과 가치를 독창적으로 정립해 가는 것'이다. 교수의 농담까지 받아 적으며 정답을 암기하는 서울대 공신들의 문제는 우리나라 교육의 문제점을 여실히 보여주고 있다. 이것이 단지 학생들만의 문제일까? 아니다. 진화하고 있는 시대에 걸맞지 않은 구시대적 인식과 교육 구조가 문제다. 아직 우리의 교육은 세상의 변화를 따라갈 준비가 덜 되어 있어, 바뀐 세상에 필요한 인재를 제때 배출하지 못하고 있는 실정이다.

이것은 다르게 말하면 부모의 교육에 대한 주관이 더욱 필요하다는 뜻이다.

자신만의 기준이 경쟁력이다

뚱뚱해도 패션모델이 될 수 있다고?

전통적으로 키가 크고 마른 체형의 소유자만이 패션모델을 할 수 있다는 생각을 뒤집는 패션쇼가 펼쳐져 주목받은 적이 있다.

2017년 브라질 상파울루에서는 '패션 위크엔드 플러스 사이즈'라는 패션쇼가 열렸다. 플러스 사이즈란 기성복 사이즈 77 이상을 가리키는 용어다. 이 패션쇼에서는 뚱뚱한 모델도 아름다울 수 있다는 미의 새로운 기준을 보여줬다. 이 패션쇼 덕분인지 브라질의 플러스 사이즈 업계는 계속되는 경기 침체 속에서도 호황을 누리고 있다고 한다.

명품 브랜드 샤넬은 플러스 모델을 기용해 카탈로그를 찍어 주목받았으며, 마른 모델이 아닌 통통한 모델을 잡지의 메인으로 내세운 엘르가 높은 판매 성장을 기록했다는 뉴스도 있었다.

미의 기준은 정해져 있는 것이 아니다. 당당하게 개성을 드러내면 그것으로 아름답다. 이것은 바로 자신만의 유니크한 경쟁력이며 누가 만들어 주는 것이 아니라 스스로 창조하는 것이다. 동일한 기준으로 경쟁하면 일등과 꼴찌가 생기지만, 서로 다른 기준으로 경쟁하면 모두 일등이 될 수 있다.

한 플러스 사이즈 모델은 "왜 디자이너들은 옷을 작게 만드는가? 모델에 대한 패션업계의 시선이 바뀌어야 한다."고 일침을 가했다. 플러스 사이즈 모델은 패션계에서 '귀하신 몸'이라고 한다. 타인의 시선에 억지로 자신을 끼워 맞추느라 위축될 필요가 없고, 자신의 모습 그대로 경쟁력으로 키운 그들의 개성이 새로운 분야를 만들어가고 있다.

이제는 관점을 바꿔야 한다. 왜 역량 키우기를 공부라고 할까? 역량 키우기를 공부라고 말하는 새로운 관점은, 공부란 변별력이자 차별성을 키우는 것이라 말한다. 동일한 지식도 그 지식을 바라보는 태도는 각각의 성향에 따라 다르다. 그 지식을 가지고 무엇을 하느냐도 모두 다르다. 그 지식에 대해 새로운 정의를 내릴 수도 있다. 더하거나 빼서 새로움으로 재창조하는 것은 나만의 독창성이다. 그래서 저마다의 역량을 경쟁력이라고 하는 것이다.

유니크가 베스트다

세상은 다양하다. 키가 작으면 작은 대로 크면 큰 대로, 날씬하면 날씬한 대로 뚱뚱하면 뚱뚱한 대로 저마다 개성이 넘친다. 수학을 잘하는 사람, 음악을 잘하는 사람, 운동을 잘하는 사람 등 저마다의 소질이 다르다. 세상에 똑같은 생김새와 똑같은 체형, 똑같은 장점을 가진 사람만 있다면 얼마나 지루하겠는가?

미래 사회의 경쟁력은 남과 얼마나 다른가에 있다. 세상에서 '나'라는 존재는 유일하고 독특한 존재이다. 자신만이 가지고 있는 것을 볼 줄 알아야 한다. 자신만의 강점을 발견하고 개발할 때 남과 다른 경쟁력을 갖출 수 있다.

다양한 분야에서 기계가 인간의 일을 대체하는 시대다. 점점 더 예측하기가 어렵고 다양해지는 세상이다. 이런 세상에서 모범 답안은 별로 도움이 되지 않는다. 정답 안에 갇힌 고정된 생각을 깨고 나오지 않으면 언젠가는 대체 당할 수밖에 없다.

대체 불가능한 온리 원은 다수가 같은 기준을 가지고 경쟁했을 때 탄생하는 최종 승자를 말하는 것이 아니다. 다수가 각기 다른 독창성을 가지고 서로에게 기여함으로써 또 다른 새로움을 창조해 내는 것을 말한다. 이것이 미래 사회에서 요구하는 전문가다. 각자가 유니크한 경쟁력을 갖는다면 모두 베스트가 될 수 있다. 그러나 동일한 사고와 학습 방식으로 정답을 찾는 훈련을 계속한다면 유니크한 인재는커녕 베스트도 될 수 없다.

아인슈타인은 "사람은 누구나 천재다. 하지만 나무에 오르는 능력으로 물고기를 판단하면 물고기는 자신이 바보라고 생각하며 평생을 살게 될 것이다."라고 말했다. 우리 아이만의 차별적인 개성은 무엇인가? 그것을 보지 못하고 외부의 잣대로 자녀를 키운다면 아이는 자신의 장점을 보지 못하고 자신이 바보라고 생각할 것이다. 사실은 천재였을지라도 말이다.

역량이
평생 경쟁력이다

한 가지 기술로 평생 생계를 꾸리던 시절이 있었다. 첫 직장에서 30년 이상을 성실과 근면을 경쟁력으로 일하던 시절도 있었다. 하지만 '평생직장'은 옛말이 된 지 오래다. 10년, 아니 5년 근속도 쉽지 않다. 수명은 갈수록 늘어 100세를 넘어 120세까지 살수 있다는 전망도 나오는데, 퇴직은 너무 빨리 찾아오고 있는 것이 현실이다.

준비되지 않은 퇴직은 긴 인생에서 위험 요소다. 자의 반 타의 반으로 퇴직금을 쏟아부어 장사를 시작했다가 하루아침에 폐업의 위기를 맞는 사람들도 종종 있다. 그래서 전문가들은 어느 한 회사에 한정된 '직장인'이 아니라, 하고자 하는 일에 포인트를 맞춘 '직업인'이 돼야 한다고 강조한다. 즉, '내가 곧 직장'이 되는 '평생 직업'을 찾으라는 것이다. 하지만 평생 직업을 찾기 싫은 사람이 어디 있을까? 그것은 말처럼 쉬운 일은 아니다.

우리 아이들이 살아갈 미래는 직업 생태계의 변화가 지금보다 더 심해질 수밖에 없다. 인공지능의 발달로 기존의 일자리는 위협받고 있으며, 없어지는 직업과 생겨나는 직업의 자리바꿈이 수시로 일어나고 있기 때문이다.

새로운 역량을 요구하는 세상

지금 우리는 개인의 역량을 개발하고 향상하기 위한 공부를 평생 지속해야 하는 사회에 살고 있다. 성인이 되어서도 공부를 지속할 수 있으려면, 학령기에 성적보다는 평생 가져갈 공부그릇과 역량을 기르는 것에 목표를 두어야 한다. 변화하는 사회를 인지하고 받아들여 기술이나 지식을 상황에 맞게 자신의 것으로 재창조할 수 있어야 한다.

미국의 다빈치 연구소에서 운영하는 '마이크로 칼리지'는 최신 업데이트된 지식과 기술을 3개월간 가르쳐 곧바로 일자리와 연결해 주는 최단기 대학교다. 마이크로 칼리지의 등장은 상황에 따라 수시로 필요한 공부를 하며, 직업을 유지하기 위해 여러 개의 학위를 취득하며 살아갈 수밖에 없는, 평생 공부하는 사회가 도래했

음을 보여주는 하나의 사례이다.

공부는 학교에서만 하는 것도 아니고, 학교를 졸업했다고 해서 끝나는 것도 아니다. 평생 공부가 경쟁력이 되는 사회에서는 온라인이나 디지털 도구를 이용한 공부가 지금보다 더 활성화될 것이다. 지금도 온라인 사이트인 무크(MOOC), 테드(TED), 칸 아카데미(Khan Academy), 코세라(coursera) 등에서 무료로 혹은 저렴하게 다양한 강의를 제공하고 있다.

열두 살의 파키스탄 소녀 '카디자 니아지'는 무크 사이트인 '유다시티'에서 인공지능을 비롯한 물리학 강좌 100개를 수강한 뒤 최고 학점으로 물리학 코스를 마쳤다. 이런 경험을 바탕으로 2013년 세계경제포럼에서 유명 인사들과 무크가 가져올 교육혁명을 주제로 토론하여 유명해졌다. (출처:《학력 파괴자들》)

열두 살 소녀 카디자 니아지의 경험은 지금은 특별한 사례가 아니다. 이미 미국의 주요 기업에서는 무크 수료증을 받은 학생을 뽑고 있다. 다양한 온라인 교육은 평생 공부의 기회를 세계 어디서나, 누구에게나 공평하게 열어주고 있다. 따라서 평생 공부를 하는 사람과 하지 않는 사람과의 차이는 점점 더 커질 것이다.

정해진 교육 시스템 안에서 타인에 의한 타율적인 공부가 아니라 스스로 필요성을 절감하고 여러 도구를 이용하여 평생 자발적인 공부를 해야만 살아남는 시대다.

구글이 직원 채용에서 가장 중시하는 것

이처럼 학령기의 공부는 평생 가져갈 역량을 키우는 공부가 돼야 한다. 읽고 이해하는 힘, 생각하는 힘, 몰입의 경험, 스스로 하는 힘, 문제를 파악하고 해결하는 힘, 자신을 돌아보고 조절하는 힘, 자신의 의견을 말이나 글로 표현하는 힘, 예술적인 심미안 등은 평생 공부에 도전하게 하고 지탱하게 할 밑거름이다.

평생 공부를 통해 경쟁력과 차별성을 갖추어야 하는 시대다. 하지만 자기 계발을 위한 공부를 하고 싶어도 공부를 지속할 수 있는 기초 역량이 부족하면 도전하기가 쉽지 않다.

책 읽는 습관이 없는 사람이 갑자기 필요성을 느껴서 책을 읽어야 한다면, 아무리 마음이 절박해도 책 읽기가 쉽지 않다. 억지로 읽을 수는 있어도 효율은 떨어질 수밖에 없다. 그러므로 학령기 동안에 성적에만 급급해 할 것이 아니라, 독서력, 대화와 토론 능력, 자율성과 자기주도 학습력, 문제해결력 등의 공부 역량을 키워야 한다.

세계 최고의 검색 사이트를 운영하는 구글이 직원을 채용하기 위해 4~5시간씩 면접을 보는데, 이때 가장 중요하게 보는 것은 학벌이 아니라, 수시로 변화하는 세상에서 필요한 것을 배울 수 있는 역량이라고 한다.

타인의 기준에 끌려다니며 스펙 쌓기에 연연해서는 안 된다. 자신만의 기준을 세워야 하며, 수시로 자신의 기준을 업데이트할 수 있는 역량을 길러야 한다.

교육열보다
전략 있는 부모가 돼라

우리는 종종 공부를 마라톤에 비유한다. 초·중·고등학교 12년에 2~4년의 대학 과정까지 생각하면 14년~16년이다. 요즘은 팬데믹의 여파로 다소 줄기는 했지만 해외연수, 유학 등까지 생각하면 17년~19년은 다른 일을 하지 않고 공부만 하는 셈이다. 그러므로 공부는 단거리 달리기가 아닌, 장거리 레이스, 마라톤임이 틀림없다.

마라톤은 기초 체력과 전략이 필요하다

마라톤은 단거리 달리기와 다른 전략이 필요하다. 단거리 달리기는 짧은 시간에 자신의 모든 에너지를 폭발적으로 쏟아 승부를 내야 한다. 하지만 42.195km의 장거리를 뛰는 마라톤은 자신의 에너지를 레이스에 맞게 조절할 줄 알아야 한다. 또 어떤 전략을 세워 완주할 것인지 사전에 철저한 계획이 필요하다.

페이스 조절이 중요한 마라톤에서 경험이 없는 러너는 경주 초반에 오버페이스를 한다. 전문가들은 레이스의 초기에는 가벼운 마음으로 천천히 달리다가 서서히 페이스를 올리는 것이 좋다고 한다. 또 30km를 지나면 몸속에 비축해둔 운동 에너지 글리코겐이 모두 고갈되어 체력이 급격하게 떨어지므로 레이스 후반까지 꾸준히 달리려면 20~30km 구간에서부터 페이스 조절을 잘해야 한다고 조언한다.

그럼 마라토너는 레이스를 전략적으로 운영하기만 하면 좋은 성적을 거둘 수 있을까? 레이스 운영보다 중요한 것이 있다. 그것은 42.195km를 완주할 수 있는 기초 체력이다. 마라토너에게 레이스를 완주할 기본 체력이 없다면 아무리 훌륭한 전략이라도 사용할 수 없게 된다. 레이스를 포기하지 않고 끝까지 완주할 때 등수와 관계없이 박수를 받는 것은 이 때문이다.

전반전에 몰입하는 아이는 위험하다

초·중·고 12년을 달려야 하는 공부는 어떨까? 아이들은 12년을 달릴 수 있는 기초 체력을 확보하고 있을까? 또 12년 동안 써야 하는 에너지를 잘 분배하고 있을까?

아이가 12년 동안 달려야 할 선수라면, 엄마는 장거리 레이스에 필요한 것이 무엇인지, 어떤 전략을 세워야 할지 등을 고민하는 코치라 할 수 있다. 그런데 상담하다 보면 아이를 단거리 선수로 착각하는 엄마를 종종 만난다. 아이를 단거리 선수로 코치하는 엄마는 당장의 시험 성적에 일희일비한다.

이런 엄마는 아이에게 눈앞의 성적만 보고 달려가도록 코칭하기 때문에 공부의 기초 체력 형성에는 관심이 없다. 그래서 초반전에 힘을 모두 써버리고 정작 힘을 써야 할 지점에 가서는 두 손 들고 포기하는 체력이 부족한 마라토너를 만들게 된다.

초등학교 6년은 초·중·고 12년 레이스의 전반전이다. 아직 뛰어야 할 레이스가 많이 남아 있다. 그런데 초등 6년에 공부 에너지를 다 써버리거나, 기초 체력을 만들지 않으면 갈수록 공부는 감당하기 어려워질 수밖에 없다.

그러므로 초등 6년의 공부는 당장의 성적을 목표로 전력 질주하면 안 된다. 초등학교 시기부터 공부를 놀이가 아닌, 노동으로 생각한다면 남은 후반전은 매우 고통스러워질 것이다.

한 조사 결과를 보면 요즘 초등학교에 입학하는 아이의 수학 실력이 초등 2학년 수준이라고 한다. 이 말을 들으면 긴장하는 엄마가 있을 수 있겠지만, 중요한 것은 초등 2학년 수준으로 입학한 아이들이 평균 4학년 수준으로 초등학교를 졸업한다는 사실이다.

이것은 아이들이 선행 학습과 암기 위주의 공부에 금방 질려 한다는 것과 사고력을 계발하지 않아 조금만 높은 사고력을 요구하는 단계에 들어서면 쉽게 포기한다는 것을 의미한다.

공부도 마라톤처럼 끝까지 완주할 수 있는 기초 체력을 우선 길러야 한다. 학령기의 전반전에 형성한 문해력, 사고력, 소통 능력, 협업 능력, 자기주도 학습력, 문제해결력, 표출 능력, 예술적 감성으로 채운 공부그릇은 후반전에 공부를 이어나가도록 하는 든든한 힘이 되어줄 것이다.

암기력보다 차별성 있는 문제해결 능력을 요구하는 창의융합 교육에서는 공부의 기초 체력, 즉 공부그릇이 더욱 중요해지고 있다. 이를 바탕으로 엄마는 아이의 인생 전체를 보고 초·중·고 각각의 시기에 맞는 레이스를 펼칠 수 있도록 해야 한다. 그래야만 아이가 사회에 나가서도 자연스럽게 평생 공부 레이스로 이어갈 것이다.

후반전에 강한 아이

가수 이적의 엄마로 유명한 《믿는 만큼 자라는 아이들》의 저자 박혜란은 세 아들을 사교육 한 번 시키지 않고 서울대에 보냈다. 그녀는 아이들이 알아서 컸다고 말한다.

그녀는 마흔의 나이에 여성학 공부를 다시 시작했는데, 늦은 나이에 아이를 키우며 공부하다 보니 남들보다 몇 배의 노력이 필요했다고 한다. 그래서 항상 거실에서 책을 읽었고 그런 엄마를 보고 자연스럽게 세 아들도 엄마 곁에서 책을 읽으며 성장한 것이 비결이라면 비결이라고 했다.

여기에 더하여 엄마가 자신의 적성을 찾아 바삐 일한 것을 꼽았다. 그녀는 아이가 스스로 잘할 수 있다고 진심으로 믿었고, 자신의 인생을 열심히 산 게 세 아들을 성공시킨 비결이라고 했다. 세 아들은 초등학교에 다닐 때는 주위에서 존재감이 없는 아이라고 말할 정도로 두각을 나타내지 않았다고 하니 역시 전반전보다 후반전에 강한 선수들이 아니었나 싶다.

100년 이상의 수명을 누리는 인생은 단 한 번의 레이스로 끝나지 않는다. 그러므로 초·중·고 12년의 레이스에서 초등 6년을 보내는 아이들은 충분히 놀아야 하고, 놀다가 심심해서 책을 읽어야 한다. 그리고 공부가 놀이처럼 즐거워야 한다. 사람의 두뇌는 제한된 형식이 없는 자유로운 놀이를 할 때 독창성과 상상력이 향상된다.

따라서 초등 학령기의 아이들은 자유롭게 에너지를 사용할 여유가 있어야 한다. 그래야 본격적인 공부를 해야 할 시기인 중·고등학교 때 에너지를 확실히 쏟아부을 수 있다.

물론 무작정 놀게만 하라는 것은 아니다. 아이에게 독서의 재미를 알게 해주고, 책 읽을 시간과 에너지만큼은 꼭 확보해줘야 한다. 그리고 책을 통해 습득한 지식·정보를 다양하게 풀어내고 활용할 기회를 열어줘야 한다.

여기에다 자신이 무엇을 잘하고 무엇을 좋아하는지를 알아가는 활동을 하면서 자신의 꿈을 발견해 갈 수 있도록 이끌어야 한다. 이것이 중·고등학교 후반전 공부의 기초 체력이 되고 목표가 되기 때문이다.

지혜로운 엄마는 자녀가 마라토너라고 생각하는 엄마다. 장거리를 뛰어야 할 아이에게 필요한 전략은 무엇인지, 준비물이 무엇인지 올바로 코치해야 한다. 야구 경기에서 9회 말 2아웃에 역전이 가능한 것은 그때까지 버틸 수 있는 기초 체력과 실력을 갖추고 있기 때문이다.

지금부터 행복한 아이로
키우고 싶다면

스마트폰과 좀비의 합성어로 스마트폰에 몰입하여 걷는 사람들을 '스몸비족' 또는 '스마트폰 좀비'라고 한다. '스몸비족'은 스마트폰을 눈에서 떼지 않고 주위를 살피지 않는 것이 특징이다. 그래서 앞이나 옆에서 오는 사람이나 자동차를 보지 못해 일반 보행자보다 사고를 당할 확률이 70% 이상 높다고 한다. 그러고 보니 거리에서 갈수록 자주 '스몸비족'을 만나는 것 같다.

중·고등학교뿐 아니라 초등학교까지 스마트폰에 빠진 학생들 때문에 몸살을 앓고 있다. 밤늦게까지 스마트폰으로 채팅하느라 잠을 못 자 학교에서 엎드려 자는 학생이 늘어나고 있다. 수업 시간에 책상 아래에서 스마트폰으로 동영상을 보거나 게임을 하는 학생들도 있다고 한다. 초·중·고 교사들은 스마트폰이 수업을 방해한다고 입을 모아 말한다.

디지털 시대에 우리의 눈과 귀를 자극하는 도구들이 성장하는 아이들에게 큰 문제가 되는 것은 틀림없다. 하지만 수업 시간에 엎드려 자거나 선생님 눈을 피해가며 딴짓을 하는 게 단지 스마트폰 때문일까?

공부도 즐거울 수 있을까

2015년 3월에 KBS에서 방영된 〈21세기 교육혁명-거꾸로 교실의 마법〉에서는 기존의 수업 방식을 뒤집는 새로운 수업 방식을 소개했다. 이 다큐멘터리에서 소개한 '거꾸로 교실'은 학교 현장에서 파문을 일으켰고, 이에 교육부는 2015 개정 교육과정을 통해 초등 3학년 과학 수업부터 '거꾸로 교실'을 적용한다고 발표했다.

KBS 제작팀은 프로그램 제작을 위해 부산에 있는 동평중학교 아이들을 대상으로 약 1년간 '거꾸로 교실'을 실험했다. '거꾸로 교실'은 학교에서 수업할 내용을 집에서 동영상으로 시청하고, 학교에서는 시청한 동영상의 내용을 바탕으로 친구들과 토론·토의를 하는 수업이다. 처음에는 새로운 교육법에 반응을 보이지 않던 아이들이 시간이 갈수록 확연히 달라지는 모습을 보여 관계자들을 놀라게 했다고 한다.

기존의 수업 시간에는 선생님만 말을 할 뿐 아이들은 입을 굳게 다물고 있으니 수업에 집중하는지 어떤지 알 수가 없었다. 또 수업 시간에 졸거나 아예 엎드려 자는 아이들도 많았다. 그런데 '거꾸로 교실'로 수업을 바꾸면서 아이들의 눈빛이 살아나기 시작했다. 입을 굳게 닫고 있던 아이들이 서로 의견을 말하며 의욕적이고 적극적인 학습자로 변하기 시작했다. 그러다 보니, 수업에 대한 기대감 때문인지 등굣길에 활기까지 생겼다고 한다. 이게 어찌 된 일일까?

　'거꾸로 교실'에서는 선생님의 강의식 설명이 빠지니 수업 시간의 주인은 아이들이 되었다. 아이들이 모둠으로 모여서 관찰하고 탐구하며 자기 생각을 발표하고, 토론하고, 평가까지 했다. 아이들이 교실의 주인공이 되어 스스로 문제해결을 해야 하니 졸거나 잘 수도 없다. 서로 의견을 말하기 바쁘니 누구 하나 가만히 있지 않았다. 친구에게 뒤질세라 무슨 말을 할까 궁리도 해보고, 어떤 아이디어를 낼까 고민도 한다. 아이들은 자연스럽게 친구들과 협업하며 공부했다. 교실에 '스몸비족'은 있을 수가 없었다.

　부산의 동평중 아이들의 '거꾸로 교실' 실험 결과는 학기말고사 성적이 보여줬다. '거꾸로 교실'로 수업을 한 후, 전 학기보다 반 평균이 20점 이상 올랐으며, 개인은 최저 20점 이상 최고 56점까지 성적이 향상됐다.

　이 학생들에게 '거꾸로 교실'은 어떤 공부였을까? 웃고 떠들면서 자기 생각과 의견을 나누는 재미있는 놀이 같은 공부가 아니었을까? 그래서 학교 가는 길이 즐거웠고, 수업 시간이 기다려졌으며, 그러다 보니 자신도 모르게 학습에 몰입하여 성적이 올랐을 것이다. 시간 대부분을 학교와 공부라는 틀 속에서 지내는 아이들이다 보니, 공부가 즐겁다면 그들의 인생 또한 즐거울 것임이 틀림없다.

공부가 즐거워야 인생도 즐겁다

세인트존스 대학은 가르치지 않는 대학으로 유명하다. 교수는 자신의 해박한 지식을 학생들에게 일방적으로 설명하지 않는다. 4년 동안 모든 수업은 100권 이상의 고전을 읽고 토론하는 것으로 채워진다.

'튜터'라고 불리는 교수는 학생들이 고전을 읽고 생각하고 토론하고 에세이를 쓰는 과정을 개별적으로 돌봐주는 사람이다. 수업 시간에도 교수는 학생들을 일방적으로 이끌지 않는다. 학생들이 토론하다가 논제에서 벗어날 때 잠깐 개입하거나 자신도 학생들처럼 의견을 내는 정도의 역할을 한다. 모든 수업은 학생들의 질문과 의견으로 채워진다.

세인트존스에서는 사고의 난도가 높은 고전 100권 이상을 자발적으로 읽고, 수업 시간에는 읽은 것에 대한 자신의 견해를 끊임없이 내고 교류하며, 이를 에세이로 정리하는 공부를 4년 내내한다.

고전 100권과 씨름하며 정해진 답도 없는 공부를 4년 내내 하는 세인트존스의 학생들은 수업 시간이 따로 없다. 수업 시간에 열띤 토론을 하고 수업이 끝난 후에도 자발적으로 삼삼오오 모여 캠퍼스의 이곳저곳에서 수업 시간에 못다 한 토론을 이어간다.

그들에게 공부와 놀이는 딱히 구분되어 있지 않다. 세인트존스 대학의 학생들에게 고전을 읽고 토론하는 것은 즐거운 놀이이며 일상이다. 따라서 그들에게 공부는 학교 다닐 때만 하는 것이라는 관념이 없다. 공부를 고된 노동으로 여겨 졸업한 후에는 책을 전부 없애버리는 우리 학생들과는 대조적인 모습이다.

평생 공부가 필수가 된 현대 사회에서 공부를 노동으로 여긴다면 그만큼 괴로운 것이 없을 것이다. 하기 싫은 공부를 어쩔 수 없이 해야 한다면 효과도 적을뿐더러 끌려가는 인생을 살 수밖에 없다.

이제 공부는 일상 속에서 평생 지속하는 즐거운 놀이가 돼야 한다. 공부를 놀이처럼 여기면 자신이 잘할 수 있는 분야를 쉽게 찾을 수 있고, 그 분야에서 독창성을 가지고 성공할 수 있다. 따라서 에듀테크 시대에는 공부가 즐거워야 인생도 즐거워진다.

부모는 자녀의 퍼스트 멘토다. 부모가 이끄는 대로 자녀는 따라가기 마련이다. 따라서 먼저 자녀 교육에 대한 자신의 철학을 올바로 세우고 제대로 된 전략을 가져가야 한다. 우리 아이의 행복한 미래를 꿈꾸며 말이다.

세계적으로 떠오르는 역량 교육, IB에 대하여

최근 이주호 교육부 장관이 한 언론사와 인터뷰에서 한 발언이 교육계 안팎의 이목을 끌고 있다.

"현재 영유아와 초등 아이들이 지금의 수능을 그대로 치는 것, 그런 상황에서는 미래가 없다고 본다. 〈중략〉 지금 어린이들이 대학 갈 때는 수능이 없을 거라는 말씀을 꼭 드리고 싶다."

물론 몇 년 사이에 수능이 사라지는 것은 어렵겠지만, 산업체계와 고용구조가 급변하는 디지털 사회에서 기존의 주입식 교육과 객관식 평가에 대한 변화는 피할 수 없으며, 올바른 방향이라고 생각한다. "창의성과 인성을 키워주는 미래형 교육을 해야 한다"

는 것이다.

주입식 교육이 우리나라보다 더 심했던 일본은 2019년에 "4차 산업혁명 시대에 교육이 바뀌지 않는다면 국가적 재난이 올 것"이라 선언하며, 초·중·고 및 대학입시까지 전반적으로 교육과정과 시험을 바꾸고 있다. 4차 산업혁명은 디지털 혁명이요 곧, 교육혁명이라는 새로운 흐름은 전 세계 곳곳에서 현실이 되고 있다.

그렇다면 지금까지 전 세계 교육의 주요 흐름이었던 주입식 교육과 객관식 평가의 대안은 무엇일까? 그 중심에는 인간의 본성에 기반한 생각과 태도를 길러내는 다양한 형태의 '역량 중심 교육'이 있다. 최근 세계 여러 나라에서 인정받고 있고, 우리나라에서도 확산하고 있는 IB 교육 역시 '역량 중심 교육'이라는 큰 흐름 속에 있는 교육 프로그램이다.

왜 IB일까?

IB(International Baccalaureate)는 스위스 비영리 교육 재단 '국제 바칼로레아 기구(IBO)'가 주관하는 시험·교육과정이다. IB는 1968년 외교관 자녀와 주재원 자녀 등의 교육을 위해 개발돼 현재 전 세계 146개국 3,700여 학교에서 100만 명 이상의 학생이 이수하고 있는 국제공인 교육과정이다.

IB는 3세부터 19세까지의 학생에게 3단계 교육 프로그램을 제공한다. 1단계는 IB 초등교육 프로그램, 2단계는 IB 중등교육 프로그램, 3단계는 IB 디플로마 프로그램이다. 흔히 말하는 IB는 16세부터 19세까지의 3단계, IB 디플로마 프로그램이다. IB 디플로마는 2년에 걸친 고교과정으로 매년 5월과 11월에 우리나라로 치면 수능과 같은 개념의 시험을 치른다. 그리고 다음 3가지 과제를 이수해야 수료할 수 있다.

1. 논문 : 학생의 독자적인 연구와 추론을 4,000자 미만의 에세이로 제출한다.
2. TOK(Theory of Knowledge) : 철학, 도덕, 논술 등을 통합하여 비판적이고 이성적인 사고를 기르는 과정으로, 100시간을 이수하고 1,200자에서 1,600자 이내의 에세이와 프레젠테이션을 완성해야 한다.
3. 봉사와 교외 활동 : 교과과정에 없는 새로운 것을 배우는 비교과 과정으로, 크리에이티비티(ceativity) 50시간, 물리적인 운동 액션(action) 50시간, 그리고 봉사하는 서비스(service) 50시간을 2년에 걸쳐 이수해야 한다.

IB는 전 세계 교육의 선도국들이 디지털 시대 교육의 새로운 대안으로 떠오르고 있으며, 현재 75개국, 2,000개가 넘는 대학에서 IB 프로그램을 이수한 학생을 환영하고 있다. 일본은 2015년 아시아 국가 최초로 초·중·고 공교육에 IB를 도입했다. 세계적으로 확산하고 있는 이런 현상은 IB의 핵심이 논리적으로 생각하고, 말하고, 쓰고, 비판적으로 토론하는 공부이기 때문이다.

IB가 말하는 학습자의 10가지 자질

그렇다면 우리나라는 어떨까? 2018년 제주도에서 열린 한국교육과정 학술대회에서 IB를 국내 공교육에 도입하기 위한 3단계 방안을 발표했다. 1단계 IB 교육과정의 한글 번역, 2단계 시범학교 지정, 3단계 한국 바칼로레아 본부 설립이다.

먼저 제주도교육청과 대구시교육청이 IB를 한국어화해 시범학교를 운영 중이며, 경기도교육청에서도 IB 교육 도입에 본격적인 시동을 걸고 있다.

이처럼 교육은 교사 중심에서 학생 중심으로, 일방적인 가르침에서 자발적인 배움으로, 기능적인 공부에서 역량 중심 공부로, 국내에만 통하는 자국형에서 세계에서 통하는 국제형으로 바뀌고 있다.

그렇다면 IB 교육과정이 디지털 시대에 교육 대안으로 인정받는 이유가 뭘까. 그 이유는 IB Learner Profile(학습자의 자질)에서 찾을 수 있다.

1. 사려 깊은 사람

2. 도전을 두려워하지 않는 사람

3. 원활한 의사소통이 가능한 사람

4. 균형 잡힌 사고를 지닌 사람

5. 원칙을 존중하는 사람

6. 지식이 많은 사람

7. 생각하는 사람

8. 탐구하는 자세를 지닌 사람

9. 반성할 줄 아는 사람

10. 열린 사고를 지닌 사람

"미래로 나갈 아이들이 해야 할 공부는 무엇인가?"라고 질문한다면 나는 "위 10가지 성품을 기르는 공부를 해야 한다"라고 답할 것이다. 즉, 앞으로는 나 홀로 지식을 기능적으로 쌓는 공부가 아니라 함께 살아가기 위한 인성과 바른 태도를 기르는 공부를 해야 한다. 인공지능과 함께 21세기를 살아갈 신인류의 주요 가치는 개성과 인성에 있는 것이다.

대입도 이제 글로벌하게

　그렇다면 앞으로 대학입시는 어떻게 바뀔까. 이제 지식의 소유를 평가했던 객관식 평가의 종말은 코앞에 와 있는 듯하다. 일본이 교육 개혁을 하면서 최대의 관심사는 대학입시였다. 그들은 과감하게 빠른 선택을 했다. 일본은 2020년 우리나라 수능과 같은 객관식 시험인 센터시험을 폐지했다. 그들은 21세기 아이들에게 기억력과 정답을 테스트하는 센터시험이 더는 의미가 없다고 판단한 것이다.

　대신에 대학입시를 IB 기반으로 교체했다. 아이들의 생각을 묻는 서술과 논술, 에세이, 프레젠테이션을 도입했다. 주요 과목인 국어와 수학부터 객관식 시험을 없애고 논술형 시험으로 바꿨다. 이에 관해 일본 문부과학성 측은 "현대사회의 복합적인 문제를 풀 수 있는 사고력과 문제해결력을 키워주자는 취지"라고 밝혔다.

　IB 평가에 대해 좀 더 깊게 이해하려면 시험문제를 살펴보는 것이 빠르다. 지문이 없는 2차 시험문제 중 몇 개를 골라봤다.

> **IB 한국문학** (2013년 하반기)
> 문제) 다음 문제 중 하나를 골라, 수업 중에 공부한 작품 중 적어도
> 두 작품을 토대로 아름다움의 가치와 태도가 어떻게 표현되었는지

논하십시오. (시험 시간 2시간)

IB 역사 (2017년)
문제) 한 종교를 예로 들어 통치자와 종교지도자 간의 분쟁 원인을 분석하십시오. (시험 시간 1시간)

문제) "천연자원의 가용성이 산업화의 가장 중요한 원인이었다." 각기 다른 지역에서 두 국가를 예로 들어 이 말에 얼마나 동의하는지 논하십시오. (시험 시간 1시간)

IB 지식론 (2013년 하반기)
"지식은 우리가 누구인지 알려 준다."
이 말은 인문학 및 또 다른 지식 영역에서 어느 정도나 진실입니까?

IB 평가는 어떤 과목도 객관식 문제가 없다. 어떤 문제도 정답이 없다는 말이다. 단지 제시된 논제에 대한 학생의 생각과 의견, 그리고 근거가 있을 뿐이다.

앞의 지식론(철학의 인식론)은 IB의 필수과목인데, 지식론 과목은 시험 없이 1,600단어 분량의 에세이 한 편과 프레젠테이션으로 평가한다.

IB의 채점은 해당 과목에 전문 지식을 갖춘 IB 관련 경력 교사의 교차 채점으로 진행되며, 1회의 채점이 아닌 여러 단계를 종합하여 최종 평가한다.

위에서 전 세계가 왜 IB를 주목하고 새로운 교육 패러다임으로 받아들이고 있는지를 이해했다면, 우리나라가 가야 할 방향도 결국 이와 다르지 않을 거라는 것에 동의할 것이다. 당장은 이해관계가 복잡하게 얽혀 대학입시를 전면적으로 수정하기는 어렵더라도, 사회 변화가 교육의 변화를 촉구하는 만큼 독창적인 사고력과 문제해결력을 평가하는 형태로 대학입시가 바뀔 것은 분명하다. 또한, 미래의 아이들은 국경을 넘나들며 직업을 가질 것이기 때문에 글로벌에서도 통하는 교육 시스템으로 전환될 것이다.

대부분 비슷한 공부를 하는 것 같지만, 누군가는 전혀 다른 공부를 하고 있다. IB는 그 한 사례이다. 국내에서도 누군가는 현재의 대입에 초점을 맞춘 공부를 하고 있을 것이고, 누군가는 글로벌한 인재로 성장하기 위한 공부를 하고 있을 것이다. 누가 경쟁력 있는 진짜 공부를 하는 것일까? 무엇이 진짜 공부라고 말할 수 있을까?

참고문헌

《EBS 부모 – 아이 발달》, EBS 부모 제작팀, 경향미디어

《스스로 살아가는 힘》, 문요한, 더난출판

《학력 파괴자들》, 정선주, 프롬북스

《하루 15분 책 읽어주기의 힘》, 짐 트렐리즈, 북라인

《공부하는 인간》, KBS 공부하는 인간 제작팀, 예담

《부모라면 유대인처럼 하브루타로 교육하라》, 전성수, 예담

《최고의 공부법》, 전성수, 경향BP

《왜 우리는 대학에 가는가》, EBS 왜 우리는 대학에 가는가 제작팀, 해냄

《질문의 힘》, 사이토 다카시, 루비박스

《세인트 존스의 고전 100권 공부법》, 조한별, 바다출판사

《유엔 미래 보고서 2045》, 박영숙. 제롬 글렌, 교보문고

《융합을 알아야 자녀 공부법이 보인다》, 조미상, 더메이커

《왜 독서와 토론이 최고의 공부인가》, 조미상, 더메이커

《자녀의 미래를 바꾸는 6가지 부모력》, 조미상, 더메이커

《세계 최고의 인재들은 무엇을 공부하는가》, 후쿠하라 마사히로, 엔트리

《스팀 교육론》, 김진수, 양서원

《독서의 기술》, 모티머 J.애들러, 범우사

《4차 산업혁명 시대의 미래 교육 에듀테크》, 홍정민, 책밥

《성적 없는 성적표》, 류태호, 경희대학교 출판문화원

《책 읽는 뇌》, 메리언 울프, 살림

《대한민국의 시험》, 이혜정, 다산지식하우스

세종대왕, 윤희진 외, 〈네이버 캐스트〉

성인 자녀 감시하는 '사이버 헬리콥터맘', 박효목, 〈문화일보〉

경제위기로 '캥거루족' OECD 최고, 김대우, 〈헤럴드경제〉

인공지능과 인간의 번역 대결, 김보민, 〈동아일보〉

인간, 인공지능과 '번역 대결'서 24.5대 10 완승, 권오성, 〈한겨레신문〉

내가 곧 직장, 평생직장을 창업하라, 조윤주, 〈파이낸셜뉴스〉

뚱뚱해도 아름다운 '플러스 사이즈', 이꽃봄, 〈OBS〉

줄탁동시의 지혜를 배우자, 최교진 세종교육감, 〈중도일보〉

스필버그 교육법, 오일만 논설위원, 〈서울신문〉

'책벌레' 나폴레옹과 독서전쟁, 이기환, 〈경향신문〉

독서로 아이 성공시킨 700명 엄마들 노하우 공개할 것, 강봉진, 〈매일경제〉

유발 하라리 "학교 교육 90%, 30년 뒤엔 쓸모없어", 곽수근, 〈조선일보〉

초중고부터 경쟁의 무한궤도 달리다…지쳐 쓰러지는 20대, 김재희·이건혁,
   〈동아일보〉

초등학교 수학과 성취기준에 따른 계산기의 활용 방안, 안병곤, 대한수학교육
   학회 학회지 〈학교 수학〉, 제19권 제4호.

지금 초등생이 대학갈 땐 수능 없을 것, 〈국민일보〉

에듀테크 시대 초등 공부그릇 만들기

2023년 2월 15일 초판 1쇄 발행

지은이 | 조미상
펴낸이 | 이병일
펴낸곳 | **더메이커**
전 화 | 031-973-8302
팩 스 | 0504-178-8302
이메일 | tmakerpub@hanmail.net
등 록 | 제 2015-000148호(2015년 7월 15일)

ISBN | 979-11-87809-46-3 (03590)
ⓒ조미상

이 책은 저작권법에 따라 보호받는 저작물이므로 무단 전재와 무단 복제를 금지하며
이 책 내용의 전부 또는 일부를 이용하려면 반드시 저작권자와 더메이커의 서면 동의를 받아야 합니다.

잘못된 책은 구입한 곳에서 바꾸어 드립니다.